U0066161

克里斯蒂安・胡姆斯 CHRISTIAN HÜMBS 著
黃令璧 譯

▼

BAKE
to impress
頂尖烘焙

德國米其林名廚教你做出
餐廳級夢幻甜點

克里斯蒂安・胡姆斯 CHRISTIAN HÜMBS 著
黃令璧 譯

▼

BAKE *to impress*

頂尖烘焙

德國米其林名廚教你做出
餐廳級夢幻甜點

攝影：楊・C.布萊契奈德

Boulder Media 大石文化

▼

目錄

CARE

▼

寫一本烘培書

真不容易

我真的以為會容易一點！結果沒有。首先，我得從一大堆在我腦子裡翻攪的食譜中選一些出來，然後考慮必須提供哪些資訊，好盡量讓讀者獲得最多實用知識；等到終於完成了這一切，我還得接受一個事實，那就是我的食譜已經變成永恆的印刷品，幾乎再也不可能有機會修改了！

儘管如此，我還是迫不及待地想要寫一本能夠真正展現烘焙和糕點的多元性的書，一本能幫讀者打下扎實烘焙基礎的書。能有機會參與這樣的計畫真是太棒了。

我總是在尋找能夠透過創意來表現自己的管道。我曾經為了當上灰泥裝飾藝術家而學習繪畫。後來因為健康因素不得不換工作時，有人建議我可以進入美食界試試看，我選擇了接受糕點師的訓練，單純只是因為工作時數比繁重的廚師生活要人性化得多。我很快就認識到這條路真的很適合我，但也發現從事這一行能表現創意的地方還是有限。於是我又接受了廚藝的訓練。這對我來說是一大突破！原來結合廚藝與烘焙才是我的摯愛，我無法想像還有什麼領域能讓我這麼盡情地展現創意。

即使到了今天，我看到可以用這麼多食材（巧克力、水果、蔬菜）做出各種天馬行空的作品端上桌，每次都還是覺得興味盎然。我已經在這一行做了16年，沒有一天覺得無聊，這個工作不斷拓展我的眼界，讓我能夠利用新的科技和發展，這些都帶給我極大的樂趣。對我而言，糕點就像一棵樹，樹幹是這項專業最重要的核心烘焙技巧，分枝出去的部分則是裝飾性的糖霜、糖雕，以及巧克力師傅、乃至於層級最高的糕點大師的手藝。然而這些枝節，和你在廚房裡進行的自家烘焙之間有一個共通點，那就是都需要全心全意地投入。可能你第一次嘗試超高難度的巧克力甘納許就掌握了要領，會覺得很自豪；也可能你想做一片酥皮，結果一敗塗地而捶胸頓足。無論如何，自家烘焙就是為了享受親手做出優秀甜點的樂趣。這麼說可能有點老套，但這種樂趣不是你去買一塊現成的蛋糕或是包裝好的飯後甜點能夠得到的。

如果這本書啟發你做出一塊讓客人吃得笑顏逐開、津津有味的蛋糕，我寫這本書的目的就算是達到了。接下來就請你在書中盡情尋找啟發吧！

克里斯蒂安・胡斯 謹上
Christian Hümbs

▼

做出令人驚豔的糕點

蛋糕、塔、杯子蛋糕，及其他甜點

這本書的主要目的就是讓你體會到一頭栽進烘焙裡的樂趣——在家做出超級好吃的蛋糕、塔、杯子蛋糕、餅乾及布朗尼是多有意思的事。毫無疑問，在各位讀者當中，有些人可能已經有多年的烘焙經驗，早就有一些絕對不會失敗的口袋食譜；也有一些人可能還需要更詳細的指導才能開始動手做。我想要和各位讀者分享我的專業技術，所以研發了這100道食譜，其中涵蓋了各種難易度。你在這本書裡能找到一系列的經典甜點，例如香濃的提拉米蘇、紐約式的乳酪蛋糕，或棉花糖——這些甜點在我的廚房裡永遠占有一席之地，而我也無意做任何更動。另一方面，你也會發現一些較不熟悉的創新味道組合，如抹茶白巧克力加夏威夷豆布朗尼，或甚至包有日本香橙果凍與香草奶油夾心的可頌甜甜圈。我希望這些甜點能以全新方式拓展你的視野。

有些食譜即使是對初學者來說，都算簡單；有些則可能會挑戰你的極限。但這就是最棒的地方：每個人在這本書裡各取所需。今天你可能想做一個簡單的蘋果蛋糕，明天可能又會想試著挑戰馬卡龍，也就是堪稱經典法式糕餅中的貴族。想要做出最理想的成品，有個最重要的原則（也是成功的基礎），那就是你所使用的食材。用廉價的巧克力或是品質低落的調味料是不可能做出令人驚豔的巧克力慕斯的。這不是說你的廚房一定要時時備有來自皮德蒙特的榛果，或西西里島的開心果，但是對於想要享受駕馭法拉利快感的人，是不可能滿足於一輛小小二手車的。也就是說，如果你想要有好的成品，那就要慎選的食材。不用每次都買最頂級的食材（那些東西的價錢通常也滿驚人的），還是有許多高品質的食材不會讓你破產，卻能保證最後做得出美妙的成品。

另外一個要考量的重點是，注意要隨季節調整你在烘焙食材上的選擇。想要在12月做出果香濃郁的櫻桃蛋糕——沒門兒。不過，若是在初春大黃抽芽的時節，做個清爽的大黃塔，上面搭配蛋白霜，豈不是個好主意？不只是因為水果的風味會受到是否完全成熟的影響，價格上來看，在德國的冬天硬要買以色列空運來的草莓，花費一定高得多。況且，現在有很多唾手可得的優質冷凍食材。你該決定的是，要用冷凍水果做什麼好？做果醬或上層配料？沒問題！但是拿來做糕點的裝飾？不行！在這方面，我可以給你最好的建議是：睜大眼睛，好好觀察你家的院子，如果沒有院子，那就去逛逛在地市場的攤販。這裡往往是符合節令最好的烘焙靈感來源。

在開始之前，還有一件事你得放在心上，就是烘焙是需要時間的！要有好的成品，事先要騰出足夠的時間。如果你太匆促，最後也不用太驚訝你的蛋糕烤出來太硬，或是糖霜還沒有完全凝固。有些步驟，如發酵麵團或是冷卻奶油，就是急不來，或者說，急就章一定會破壞成果。給自己一點時間，在開始前把食譜讀個一兩次，才不會忘記任何步驟，或漏看你需要的食材或器具。事前的準備和烘焙的過程一樣重要。沒有什麼事比做到一半發現糖用完了，或者是櫃子裡沒有合用的烤模更惱人的了。可以的話，把需要的器具先準備在手邊，秤好所需的食材量，並事先把食譜上所需的東西統統備好。

如果你是烘焙新手，盡量遵循食譜的配方來做。過一段時間，等你經驗更豐富之後，就可以試著玩玩看，調整其中一兩種配方。也許在做你要招待客人用的薰衣草塔時，改成放兩倍量的新鮮薰衣草花，可能會更可口也不一定？試試看！

如果遵循這些基本原則，你會有個好的開始。而且你會在食譜裡讀到我提示的各式各樣的小訣竅——能把你變成一個真正的烘焙之星。如果你覺得還不夠過癮，想完全靠自己發揮創造力，下面的資訊會幫助你發現最有原創性、也最棒的口味組合。

在烘焙和糕點中，最重要的食材就是巧克力。沒有其他的食材能夠像巧克力那樣，以這麼多元的方式組合運用。它和一堆食材都能搭配得很好，從柑橘類水果（其實大部分的水果都是），到各式茶類，甚至是蔬菜。但是，要小心巧克力也有黑暗面，雖然可可粉能強化特定風味，但卻很容易在味蕾上過度搶戲，巧克力在口中會有非常明顯的味道（順便一提，抹茶也是一樣）。只要一點點的量，就可能因味道過度強烈，而蓋掉其他大部分的味道或香氣。

在糕點中，無論是用任何一種方式來運用柑橘類水果，例如檸檬蛋黃醬，或是當作塔內餡的果凍，都可以適度降低厚重的甜味，及塔皮的麵團口感，讓糕點吃起來清爽一些。把柑橘類水果與帶酸味的乳製品（如法式酸奶油或酸奶油）互相搭配，可以為你的糕點增添一股清新感。除了常用的檸檬及萊姆，你也可以試試即將成為流行趨勢，但大家仍未熟知的亞洲柑橘類水果：日本柚（香橙），這種水果除了富有花香，還帶有清新的氣味。舉例來說，香橙能襯托白巧克力的甜味，兩種食材間風味也能相互平衡，可說是絕配。

什麼東西和什麼味道最相配，終究還是要靠經驗來判斷。所以最重要的就是：一試！再試！繼續嘗試！要有體認：在起步階段，你可能不時會做出要丟進垃圾桶裡的東西，但別因為這樣就氣餒，還是要常常試著創造別出心裁的東西。例如，在我的烘焙生涯中，我相當熱衷用蔬菜來做非比尋常的創新糕點。這可能不是一般家庭能辦到的事，但對業餘烘焙師來說，這還是很實用的原則：用新鮮的蔬菜當食材，能做出溼潤的烘焙成品。或許你已經很熟悉胡蘿蔔蛋糕裡的胡蘿蔔，但何不試試南瓜？茴香或甜菜根？刨絲、煮熟、打成泥，再拌入麵糊或麵團中，你烤出的蛋糕或麵包就能更溼潤，蔬菜的比例愈高，成品就會愈香甜。

如果你想要在味道上研發新的烘焙路線，最好是從傳統的組合開始，比如說酸與甜。在這本書裡，我已經做到了這一部分，例如我在櫻桃塔裡加入義大利紅酒醋，在這道甜點裡我結合了甜甜的櫻桃與酸酸的醋，再加上微苦的巧克力塗層。如果是巧克力，你可以試試有強烈特色的單一產區品種，或是也可以試試含有不同比例的可可固形物的巧克力。另一個絕佳組合是甜菜根和白巧克力，香甜濃郁的白巧克力和微苦、帶有泥土芬芳的塊莖，實在是非常搭。久而久之，你會開創出自己最美味的組合。

烘焙是個非常寬廣的領域，每個人在其中都會發現自己最喜歡的分支。只要永遠保持好奇心、揮舞你的打蛋器和擠花袋，並盡情享受用成品驚豔四座的過程。

簡單快速的家常甜點

可迅速上桌的糕點食譜

如果你想要在很短的時間內，
用自製蛋糕帶給朋友驚喜。
接下來幾頁要介紹的超快速好幫手
絕對能保證成功、造成轟動，
不但外觀美妙，更重要的是，
吃起來極美味。

▼

覆盆子杯子蛋糕

加白脫牛奶

蛋糕本體：75g室溫無鹽奶油，另外多準備一些用來塗抹烤模（非必要）• 175g白脫牛奶 • 250g新鮮或解凍後的覆盆子 • 60g細砂糖 • ½條香草莢份量的香草籽 • 1小撮鹽 • 2個小的蛋 • 200g中筋麵粉 • 1½茶匙泡打粉

上層配料：300g重乳脂鮮奶油 • 1條香草莢份量的香草籽 • 75g 糖粉 • 250g新鮮的覆盆子

用具：12連馬芬烤模 • 12個馬芬襯紙（非必要）• 小的擠花袋和星形花嘴

製作份量：12個　準備時間：20分鐘 + 冷卻　烘烤時間：30-35分鐘

1. 烤箱預熱到攝氏180度。馬芬烤模內抹上奶油，或放入馬芬襯紙。

2. 蛋糕本體，將白脫牛奶和175g的覆盆子用手持電動攪拌器在深杯中打成泥。用手持電動打蛋器把奶油和一半的砂糖、香草籽及鹽打到乳化。蛋黃與蛋白分開。一次加入一個蛋黃到奶油糊中，打均勻，再將覆盆子果泥一起打入。

3. 把麵粉和泡打粉混合後拌入以上混合物，攪拌到剛好均勻混合即可。用乾淨的手持電動打蛋器把蛋白打發到尾端可以形成直立的尖角狀，慢慢分次加入剩餘的砂糖，每一次加入都要徹底打勻。分三次把打發蛋白慢慢切拌入麵糊中。

4. 把麵糊舀進馬芬烤模或馬芬襯紙中。把剩餘的覆盆子均分放在蛋糕上，輕輕壓入。放進預熱好的烤箱中間層，大約用30-35分鐘烤成金黃色，這段時間內不可打開烤箱。從烤箱取出後，讓蛋糕留在烤模內約5分鐘，再取出放在網架上冷卻。

5. 製作上層配料：將鮮奶油和香草籽及糖粉打發，裝入有星形花嘴的小擠花袋，擠在蛋糕上，擺上新鮮的覆盆子。

▼

椰子香蕉馬芬

加白巧克力

蛋糕本體：75g室溫無鹽奶油，另外多準備一些用來塗抹烤模（非必要）• 1根大香蕉，約200g • 175ml椰漿 • 100g椰子粉，另外多準備一些用來裝飾 • 200g中筋麵粉 • 1½茶匙泡打粉 • 1小撮鹽 • 2個蛋 • 60g 細砂糖 • ½條香草莢份量的香草籽

上層配料：白巧克力，粗略刨成片 • 焦糖醬，作為佐醬（非必要，參考43頁）

用具：12連馬芬烤模 • 12個馬芬襯紙（非必要）

製作份量：12個　準備時間：20分鐘 + 冷卻　烘烤時間：25分鐘

1. 烤箱預熱到攝氏180度。在馬芬烤模抹上奶油，或放入馬芬襯紙。

2. 香蕉去皮，與椰漿一起放進深杯中，用手持電動攪拌器打成泥。把椰子粉（連同裝飾用的）倒進乾的鍋子裡，用小火翻炒到金黃色，放置冷卻。把麵粉、泡打粉、鹽和100g炒過的椰子粉混合拌勻。蛋黃與蛋白分開。

3. 用手持電動打蛋器把奶油和一半的砂糖及香草籽打到乳化成輕盈的蓬鬆狀。慢慢分次加入蛋黃，繼續打勻。

4. 用木匙把香蕉泥和麵粉拌入奶油蛋糊中，攪拌到剛好均勻混合即可。用乾淨的手持電動打蛋器把蛋白打發到尾端可以形成直立的尖角狀，慢慢分次加入剩餘的砂糖，每一次加入都要徹底打勻。分三次把打發蛋白切拌進麵糊中。

5. 把麵糊舀進馬芬烤模或馬芬襯紙中。把馬芬放進預熱好的烤箱中間層，大約用25分鐘烤成金黃色，勿中途打開烤箱。從烤箱取出後，讓馬芬留在模型內約5分鐘，再從模型中取出，放在網架上冷卻。撒上剩餘的椰子粉和白巧克力刨花，搭配焦糖佐醬（如果要的話）。

小訣竅：另類芒果椰子馬芬

你也可以用同樣的方法製作芒果椰子馬芬，只要用大約150g的全熟芒果取代香蕉即可。熟透的芒果有美妙的香氣，輕壓時果肉會微微下陷，請根據這個原則來選購！

▼

花生醬蘋果馬芬

佐焦糖醬

蛋糕本體：3湯匙的無味蔬菜油，另外多準備一些用來塗抹烤模（非必要）
• 2個蘋果，總重約210g • 85g蘋果乾 • 190g細砂糖 • 2個蛋
• 85g無顆粒花生醬，另外多準備5湯匙作上層配料 • 210g中筋麵粉 • 2茶匙泡打粉
• 3½湯匙牛奶 • 焦糖醬，作為佐醬（非必要，參考43頁） • 無鹽花生，粗略切碎作為佐料
用具：12連馬芬烤模 • 12個馬芬襯紙（非必要） • 小的擠花袋和星形花嘴

製作份量：12個　　準備時間：40分鐘 + 冷卻　　烘烤時間：30分鐘

1. 烤箱預熱到攝氏180度。在馬芬烤模中抹上蔬菜油，或放入馬芬襯紙。

2. 蘋果削皮去心，刨成絲。蘋果乾切碎。

3. 用手持電動打蛋器將糖與蛋在深杯中打到輕盈的蓬鬆狀。再一邊打一邊慢慢倒入油（倒的過程流量要很細），打到有綿密、類似美奶滋的質感為止。裝到寬口的大碗中。

4. 將花生醬拌入蛋液中。再拌入蘋果絲。之後把麵粉和泡打粉混合後拌入，交替著也把牛奶拌入，攪拌到所有食材剛好均勻混合成滑順質地即可。最後，把蘋果乾切拌進去。

5. 把麵糊舀進馬芬烤模或馬芬襯紙中。放進預熱好的烤箱中間層，大約用30分鐘烤成金黃色，這段時間內不可打開烤箱。從烤箱取出後，讓馬芬留在烤模內約5分鐘，再從烤模中取出，放在網架上冷卻。

6. 花生醬放入小平底深鍋用小火加熱，舀進裝有星形花嘴的小擠花袋，用來裝飾馬芬。在馬芬上滴焦糖醬，撒上一些花生。

▼

斯佩爾特櫻桃馬芬

加洋槐蜂蜜

蛋糕本體：280ml無味蔬菜油，另外多準備一些用來塗抹烤模（非必要）• 220g斯佩爾特全麥麵粉 • 30g可可粉，另外多準備一些用來篩撒（非必要）• 3茶匙泡打粉 • 4個大的蛋 • 250g洋槐蜂蜜 • 100g櫻桃果泥（約10%糖，參閱219頁）• 20g糖粉，另外多準備一些用來篩撒（非必要）• 1湯匙櫻桃汁 • 約150g新鮮去籽或罐裝的櫻桃

用具：12連馬芬烤模 • 12個馬芬襯紙（非必要）

製作份量：12個　　準備時間：15分鐘 + 冷卻　　烘烤時間：30分鐘

我喜歡用斯佩爾特麵粉來烘焙，因為它用途廣，且帶有細緻的麥芽香氣。
在這道食譜中，斯佩爾特麵粉與櫻桃非常搭，因為兩個結合在一起會散放出迷人的杏仁霜般的香氣。
經過富有花香的洋槐蜂蜜的烘托，整體滋味就更加美妙。

1. 烤箱預熱到攝氏180度。在馬芬烤模中抹上蔬菜油，或放入馬芬襯紙。

2. 把麵粉、可可粉及泡打粉一起過篩，篩入碗中。用球型打蛋器將油、蛋及蜂蜜打散，加入麵粉中繼續打勻。

3. 把麵糊舀進馬芬烤模或馬芬襯紙中。在平底深鍋中把櫻桃果泥拌入櫻桃汁與糖粉，加熱至沸騰。將櫻桃放入蘸一下，均分放在馬芬上，輕輕壓入。預留一些作為裝飾。

4. 放進預熱好的烤箱中間層，大約烤30分。這段時間內不可打開烤箱。從烤箱取出後，讓馬芬留在烤模內約5分鐘，再取出放在網架上冷卻。上桌時，撒上可可粉或糖粉，上面放上預留的櫻桃。

▼

香蕉杯子蛋糕

加果仁醬鮮奶油

果仁醬鮮奶油：70g杏仁脆糖 • 225g重乳脂鮮奶油 • 20g葡萄糖漿

蛋糕本體：70ml無味蔬菜油，另外多準備一些用來塗抹烤模（非必要）
• 2-3根香蕉，總重約225g • 225中筋麵粉 • 2茶匙泡打粉 • 60ml牛奶 • 25g可可粉
• 200g牛軋糖 • 2湯匙燕麥片 • 1湯匙糖粉 • 香蕉脆片用來裝飾（非必要）
• 巧克力醬（非必要，參考145頁）

用具：12連馬芬烤模 • 12個馬芬襯紙（非必要） • 擠花袋和星形花嘴

製作份量：12個　　準備時間：40分鐘 + 24小時冷卻　　烘烤時間：35分鐘

1. 提前一天先準備好果仁醬鮮奶油。把杏仁脆糖切成小塊。將75g鮮奶油和葡萄糖漿放入平底深鍋加熱至沸騰，加入杏仁脆糖，再用手持電動攪拌機打到質地均勻平滑為止。靜置冷卻至微溫，再拌入剩餘的鮮奶油。蓋好後置於冰箱內至少24小時。

2. 第二天，將烤箱預熱到攝氏180度。在馬芬烤模內抹上蔬菜油，或放入馬芬襯紙。

3. 把香蕉用手持電動攪拌機在深杯中打成泥。用手持電動打蛋器，將糖與蛋在碗中打出濃郁綿密的質感，再一邊打一邊以細流慢慢地加入油，打到出現類似美乃滋的質地後，就可以把香蕉泥切拌進去。混合麵粉與泡打粉，再切拌進香蕉泥混合物中，過程中交替著把牛奶拌入。

4. 將1/3的麵糊放入另一個碗中，拌入可可粉。把牛軋糖切成小塊後，拌入顏色較淺的麵糊中。

5. 把有可可粉的麵糊均分到馬芬烤模或馬芬襯紙中，再填上有牛軋糖的麵糊。放進預熱好的烤箱中間層，大大約烤35分鐘。這段時間不可打開烤箱。從烤箱取出後，讓馬芬留在烤模內約5分鐘，再取出放在網架上冷卻。

6. 最後，用手持電動打蛋器的中低速將冷卻的果仁醬鮮奶油打到堅挺，小心不要打過頭了，不然鮮奶油會開始結塊。將鮮奶油放入裝有星形花嘴的小擠花袋，擠在蛋糕上。把燕麥片和糖粉放入平底鍋中，加熱至焦糖化，撒在杯子蛋糕上。如果你喜歡的話，最後用香蕉脆片及巧克力醬來裝飾。

▼

草莓杯子蛋糕

加白巧克力甘納許

甘納許：200g重乳脂鮮奶油 • 1湯匙葡萄糖漿 • 125g白巧克力

蛋糕本體：100g室溫無鹽奶油，另外多準備一些用來塗抹烤模（非必要）

• 165g新鮮或解凍後的草莓，外加250g新鮮草莓用來裝飾 • 165g白脫牛奶 • 80g細砂糖

• 1條香草莢份量的香草籽 • 1小撮鹽 • 2個蛋 • 265g中筋麵粉 • 2茶匙泡打粉 • 糖粉，用來篩撒

奶酥：210g中筋麵粉 • 115g紅糖 • 茶匙香草粉 • 100g無鹽奶油，冰的切小塊

用具：12連馬芬烤模 • 12個馬芬襯紙（非必要） • 擠花袋和星形花嘴

製作份量：12個　　準備時間：20分鐘 + 24小時冷卻　　烘烤時間：40-45分鐘

1. 提前一天先做好巧克力甘納許。將125g重乳脂鮮奶油和葡萄糖漿放入平底深鍋中，加熱到沸騰。把巧克力切碎放入一個耐熱的碗中。把鮮奶油倒入裝巧克力的碗中，靜置2分鐘。用手持電動攪拌機打到質地均勻滑順為止，然後慢慢分次拌入剩餘的鮮奶油。蓋好後放置於冰箱內，冷藏24小時。

2. 第二天，將烤箱預熱到攝氏180度。在馬芬烤模內抹上奶油，或放入馬芬襯紙。

3. 將白脫牛奶和165g的草莓用手持電動攪拌器在深杯中打成泥。用手持電動打蛋器把奶油和一半的砂糖、香草籽及鹽，打到乳化成輕盈的蓬鬆狀。分離蛋黃與蛋白。一次加入一個蛋黃到奶油糊中，每加入一顆都要打均勻，再加下一顆。再將草莓泥一起打入。

4. 把麵粉和泡打粉混合後，拌入以上混合物，攪拌到剛好均勻混合即可。用乾淨的手持電動打蛋器把蛋白打發到尾端可以形成直立的尖角狀，一邊打、一邊慢慢地加入剩餘的砂糖。再分三次，小心地把打發蛋白慢慢切拌入麵糊中。

5. 把麵糊舀進馬芬烤模或馬芬襯紙中。放進預熱好的烤箱中間層，大約用30-35分鐘烤成金黃色，這段時間不可打開烤箱。從烤箱取出後，讓蛋糕留在模型內冷卻。

6. 這時候製作奶酥。將所有的食材用手指揉捏混合，直到麵團看起來像粗麵包屑的樣子。在烤盤上鋪烘焙油紙，把奶酥均勻撒上，和杯子蛋糕一起，大約烤8分鐘，烤出金黃色澤。

7. 小心用中速把冷卻的甘納許再次打滑順後，舀進裝有星形花嘴的擠花袋。將杯子蛋糕先用甘納許裝飾後，再加上奶酥。草莓去蒂後，把大的切對半或切成四分之一，用來裝飾杯子蛋糕，篩撒上糖粉。

▼

蛋黃酒杯子蛋糕

製作份量：12個　準備時間：40分鐘 + 24小時冷卻　烘烤時間：30分鐘

蛋黃酒鮮奶油：145g白巧克力，外加一些巧克力小卷片作裝飾 • 1湯匙可可脂（在健康食品店購買）
• 165g重乳脂鮮奶油 • 100ml蛋黃酒 • 1湯匙葡萄糖漿

焦糖醬：165g細砂糖 • 100g重乳脂鮮奶油 • 2湯匙蛋黃酒

蛋糕本體：75g無鹽奶油，另外多準備一些用來塗抹烤模（非必要） • 60g細砂糖
• ½條香草莢份量的香草籽 • 1小撮鹽 • 2個小的蛋 • 175ml蛋黃酒
• 50g原味無糖優格 • 200g全麥麵粉 • 1½茶匙泡打粉 • 糖粉，用來篩撒

用具：12連馬芬烤模 • 12個馬芬襯紙（非必要） • 擠花袋和星形花嘴

如果你把製作焦糖醬的鮮奶油稍微加熱，再加進糖裡，準備起來會更快。

1. 提前一天先做好蛋黃酒鮮奶油。把巧克力切碎，連同可可脂放入一個耐熱的碗中。將65g重乳脂鮮奶油和葡萄糖漿、蛋黃酒放入平底深鍋中，加熱到沸騰。把鮮奶油到入巧克力中，靜置2分鐘，然後用刮勺攪拌到巧克力融化為止。拌入剩餘的鮮奶油，攪拌滑順。蓋好後放進冰箱冷藏24小時。

2. 焦糖醬也提前一天先做好。將糖放入平底深鍋，以中火稍微焦糖化。加入鮮奶油及蛋黃酒，煮到微微沸騰，讓糖再次完全融化。冷卻後蓋好，放進冰箱冷藏。

3. 第二天，將烤箱預熱到攝氏180度。在馬芬烤模內抹上奶油，或放入馬芬襯紙。

4. 製作蛋糕本體，用手持電動打蛋器把奶油和一半的砂糖、香草籽及鹽打到乳化成輕盈的蓬鬆狀。分離蛋黃與蛋白。一次加入一個蛋黃到奶油糊中，每加入一顆蛋黃都要打得很均勻，再加下一顆。最後拌入蛋黃酒及原味無糖優格。

5. 把麵粉和泡打粉混合後拌入以上混合物，攪拌到剛好混合得滑順均勻即可。用乾淨的手持電動打蛋器，把蛋白打發到尾端可以形成直立的尖角狀，慢慢分次地一邊打一邊加入剩餘的砂糖。再分三次小心地把打發蛋白切拌進麵糊中。

6. 把麵糊舀進馬芬烤模或馬芬襯紙中。放進預熱好的烤箱中間層，大約用30分鐘烤成金黃色。從烤箱取出後，讓馬芬留在烤模內約5分鐘，再取出放在網架上冷卻。

7. 最後，用手持電動打蛋器中低速將冷卻的蛋黃酒鮮奶油打發。當鮮奶油開始成形時，拌入焦糖醬，繼續打到質地結實滑順為止，但不要打太久，不然鮮奶油會結塊。將鮮奶油放入裝有星形花嘴的小擠花袋，擠在蛋糕上。再用白巧克力小卷片裝飾，篩撒上糖粉。

▼

核桃紅酒馬芬

佐新鮮葡萄

濃縮紅葡萄酒：300ml紅葡萄酒

蛋糕本體：165g室溫無鹽奶油，另外多準備一些用來塗抹烤模（非必要）
• 140g細砂糖 • 1茶匙香草粉 • 3個小的蛋 • 165g中筋麵粉 • 2½茶匙泡打粉 • 1茶匙肉桂粉
• 1湯匙可可粉 • 65公克核桃粉，外加50g核桃仁，裝飾用 • 165ml紅葡萄酒
• 2湯匙糖粉 • 葡萄，裝飾用

用具：12連馬芬烤模 • 12個馬芬襯紙（非必要）

製作份量：12個　準備時間：40分鐘 + 冷卻　烘烤時間：25分鐘

1. 煮沸葡萄酒，濃縮到黏稠狀。備用。

2. 將烤箱預熱到攝氏180度。在馬芬烤模內抹上奶油，或放入馬芬襯紙。

3. 在碗中用手持電動打蛋器把奶油、砂糖和香草粉打到乳化成輕盈的蓬鬆狀。一次拌入一個雞蛋，每加入一顆蛋都要攪拌一次，確定所有食材剛好均勻混合即可。將麵粉、泡打粉、肉桂粉及核桃粉混合，拌入奶油蛋糊中，過程中交替著把紅葡萄酒拌入。

4. 把麵糊舀進馬芬烤模或馬芬襯紙中。放進預熱好的烤箱中間層，大約烤25分鐘。從烤箱取出後，讓馬芬留在烤模內約5分鐘，再取出放在網架上冷卻。

5. 將核桃仁放在鋪好烘焙油紙的烤盤上，放入預熱好攝氏180度的烤箱中，用3-4分鐘烤成金黃色。取出核桃仁靜置冷卻，再放入平底深鍋，撒上糖粉，用中火焦糖化。再粗略地切一下。把葡萄切半。

6.將冷卻且黏稠的濃縮紅葡萄酒滴在馬芬上，再用焦糖核桃及葡萄裝飾即完成。

小訣竅：如何選擇紅葡萄酒

這種馬芬適合在酒會上食用。所以就用你要在酒會上喝的酒來做即可。試著用你喜歡的口味及濃度的葡萄酒做看看。既使你覺得在馬芬中酒的味道沒有特別突出，其實葡萄酒還是會帶來一些微妙的效果。

▼

白巧克力馬芬

加甜菜根

馬芬：40g室溫無鹽奶油，另外多準備一些用來塗抹烤模（非必要）
• 140g煮好的甜菜根，罐裝浸在甜菜根自己的汁液中（不是用醋醃！）
• 100g白巧克力 • 200g中筋麵粉 • 80g裸麥粉 • 2茶匙泡打粉 • 125g細砂糖
• 2茶匙香草粉 • 200ml牛奶 • 2個蛋 • 3湯匙甜菜根的菜汁（罐子裡原有的）
膠汁甜菜根及裝飾：250ml甜菜根的菜汁（罐子裡原有的） • ½小包香草奶凍粉
• 50g細砂糖 • 200g煮好的甜菜根，罐裝浸在甜菜根自己的汁液中
• 現成的糖衣或糖霜，裝飾用（參考219頁）
用具：12連馬芬烤模 • 12個馬芬襯紙（非必要） • 小的擠花袋（非必要）

製作份量：12個　準備時間：20分鐘 + 冷卻　烘烤時間：25-30分鐘

在這個馬芬裡我把酸酸甜甜、帶有泥土芬芳的甜菜根，和香甜濃郁的白巧克力搭配在一起。
這是完美的組合——因為白巧克力的甜味平衡了甜菜根的酸澀，同時還帶出了蔬菜的甜味。
而且更重要的是，成品顏色很賞心悅目！

1. 將烤箱預熱到攝氏180度。在馬芬烤模中抹上奶油，或放入馬芬襯紙。

2. 製作馬芬，把甜菜根切碎。將奶油放入平底深鍋，用低溫融化。把白巧克力切碎，放入奶油中一起融化。將麵粉、裸麥粉及泡打粉混合。

3. 用手持電動打蛋器把砂糖、香草粉、牛奶及蛋攪拌均勻。把甜菜根的菜汁拌入。以切拌的方式，依序把巧克力混合物拌入，再來是麵粉混合物，最後拌入甜菜根。

4. 把麵糊均分裝入馬芬烤模或馬芬襯紙中。放進預熱好的烤箱中間層，大約烤25-30分鐘。從烤箱取出後，讓馬芬留在烤模內約5分鐘，再取出放在網架上冷卻。

5. 製作膠汁：把3-4湯匙甜菜根的菜汁和香草奶凍粉攪拌勻至滑順為止，再把剩下的甜菜根的菜汁加糖一起煮沸，加入香草奶凍粉混合物。甜菜根切片後用1-2cm圈型切模切出圓片，用叉子叉甜菜根片，蘸上膠汁，滴乾多餘的膠汁。每個馬芬大約用三個甜菜根圓片裝飾。用擠花袋或湯匙滴上絲狀的糖霜。

▼

米布丁馬芬

配櫻桃

馬芬：25g室溫無鹽奶油，另外多準備一些用來塗抹烤模（非必要）• 25g無鹽米餅 在健康食品店購買）
• 2個蛋 • 1條香草莢份量的香草籽 • 110g細砂糖 • 100g中筋麵粉 • 50g米粉
• 2茶匙泡打粉 • 1茶匙堆得尖尖的肉桂粉 • 125ml牛奶 • 40g新鮮或解凍的去籽酸櫻桃
• 125g煮好的米布丁（買來的或自製的，請參考小訣竅）
裝飾：75g無鹽米餅 • 2湯匙糖粉 • 2茶匙玉米粉 • 2茶匙細砂糖
• 100ml櫻桃汁 • 1根肉桂棒 • 125g新鮮或解凍後的去籽酸櫻桃
用具：12連馬芬烤模 • 12個馬芬襯紙（非必要）• 擠花袋和中的圓型花嘴

製作份量：12個　準備時間：40分鐘 + 冷卻　烘烤時間：25分鐘

1. 將烤箱預熱到攝氏180度。在馬芬烤模內抹上奶油，或放入馬芬襯紙。

2. 製作馬芬，將米餅粗略地切一下。用手持電動打蛋器把奶油和蛋打到乳化成輕盈的蓬鬆狀。拌入香草籽及糖。把麵粉、米粉、泡打粉及肉桂粉混合，加入蛋糊中，再用牛奶拌勻。最後把米餅片、櫻桃及米布丁切拌進去。

3. 把麵糊均分裝進馬芬烤模或馬芬襯紙中。放進預熱好的烤箱中間層，大約烤25分鐘成金黃色。從烤箱取出後，讓馬芬留在烤模內冷卻。

4. 製作裝飾，先將米餅剁成你想要的大小。用中火加熱平底深鍋，放入米餅片，撒上糖粉，加熱到焦糖化，過程中要持續翻動。完成後從鍋中取出靜置備用。將玉米粉和細砂糖及2湯匙櫻桃汁混合拌勻。把剩下的櫻桃汁和肉桂棒放入平底深鍋加熱至沸騰。加入櫻桃，煨煮2分鐘，過程中要不斷攪拌。拌入玉米粉混合物，讓它煮沸一下。冷卻後取出肉桂棒。用煮好的櫻桃和焦糖米餅裝飾馬芬。

小訣竅：布丁的變化

如果你用不同口味的布丁來做，吃起來也很棒，例如肉桂加糖、香蕉或巧克力口味等。

小訣竅：製作米布丁

製作150g的米布丁。把125ml牛奶連同30g布丁米及一小撮鹽煮沸，蓋上鍋蓋，用小火煮約20分鐘。偶而攪拌一下。放涼備用。買來的米布丁通常比自製的還稀一點，所以可以視情況，將加入馬芬麵糊裡的牛奶量減至110ml。

小訣竅：焦糖的點綴

如果你加2湯匙的焦糖糖漿（例如Monin〔法國糖漿品牌〕）到鮮奶油裡，會很美味。在放入吉利丁之前，先把焦糖糖漿加到牛奶混合物中。

▼

牛奶切片蛋糕

巧可力海綿蛋糕夾心

海綿蛋糕：200g中筋麵粉 • 40g可可粉 • 8個蛋 • 160g細砂糖 • 2茶匙香草粉 • 2小撮鹽
內餡：7張吉利丁片 • 500ml牛奶 • 30g玉米粉 • 50g奶粉 • 120g細砂糖 • 500g重乳脂鮮奶油
用具：60×40cm大烤盤（非必要）

製作份量：12個　準備時間：30分鐘 + 3小時冷卻　烘烤時間：8分鐘

1. 將烤箱預熱到攝氏180度。在一個大烤盤，或兩個一般大小的烤盤上鋪烘焙油紙。麵粉和可可粉一起過篩。

2. 用手持電動打蛋器把蛋、2湯匙水、糖、香草粉和鹽在碗裡打出輕盈且綿密的質地。小心把麵粉切拌進蛋的混合液中。把麵糊均勻地倒在烤盤上，整平，放進預熱好的烤箱中間層，大約烤8分鐘。

3. 從烤箱取出後立即放到另一張烘焙油紙上，丟棄烤海綿蛋糕的那張油紙。用乾淨的茶巾蓋好，靜置冷卻。

4. 這時，把製作內餡用的吉利丁片泡入冷水10分鐘。用手電動持攪拌機將牛奶、玉米粉、奶粉和糖在平底深鍋中攪拌均勻。再加熱到沸騰，然後用小火燉煮2分鐘，要用打蛋器不斷地攪拌。把吉利丁片擠乾，加入溫熱的牛奶中溶解。用保鮮膜蓋好放入冰箱約2小時讓它凝固。

5. 用球型打蛋器把內餡打均勻。 用手持電動打蛋器以中速把重乳脂鮮奶油打發，然後分次切拌入內餡中。

6. 如果是用大的烤盤做巧克力海綿蛋糕，就用刀切成兩半，每片30×20cm。將內餡抹在一片海綿蛋糕上，再將另一片蓋上，輕壓一下。冷藏約1小時，然後用鋸齒刀切成12塊。切的時候不要向下壓，以免內餡從旁邊擠出來。

巧克力碎片餅乾

加堅果

400g黑巧克力 • 150g核桃 • 210g室溫無鹽奶油 • 200g糖粉 • 1小撮鹽
• 2個蛋 • 350g中筋麵粉 • 3茶匙泡打粉 • 150g切碎的榛果

製作份量：30個　準備時間：20分鐘 + 2小時冷藏 + 冷卻　烘烤時間：20-30分鐘

我沒辦法想像世界上會有誰不喜歡巧克力脆片餅乾？這絕對是經典。
當你一口咬下，先是酥脆，接著就是那令人垂涎三尺的巧克力融化在口中的快感。極致完美。

1. 粗略切碎巧克力及核桃。用手持電動打蛋器在碗裡把奶油、糖粉及鹽，打到乳化且滑順。一次打入一個蛋，打到所有的食材都充分混合均勻為止。

2. 混合麵粉和泡打粉、核桃及榛果，拌入步驟1混合物，攪拌到剛好均勻混合即可。最後揉入切碎的巧克力。

3. 在保鮮膜上把麵團揉成長條圓柱，依照你想要的餅乾大小來決定直徑。用保鮮膜包緊後，兩端要扭緊，放入冰箱冷藏約2小時。

4. 烤箱預熱到攝氏190度，在烤盤上鋪烘焙油紙。把冰涼的麵團圓柱切成2cm厚片。把切片稍微整成圓形後放在烤盤上，每片取間隔距離1-2cm。

5. 把餅乾放進預熱好的烤箱中間層，視餅乾大小而定，大約要烤20-30分鐘。從烤箱中取出後放在網架上冷卻。

▼

核桃餅乾

加香蕉

180g核桃 • 100g全熟（已變黑）的香蕉 • 100g烘乾的香蕉脆片 • 200g中筋麵粉 • 1茶匙泡打粉 • 1小撮鹽 • 150g室溫無鹽奶油 • 200g黃砂糖（二砂） • 1個蛋 • 1小撮肉桂粉 • 1茶匙香草粉 • 2茶匙牛奶 • 糖粉，用來篩撒

製作份量：15個　準備時間：25分鐘 + 12小時冷凍 + 冷卻　烘烤時間：10-15分鐘

1. 烤箱預熱到攝氏180度。把核桃分散鋪在烤盤上，放入烤箱中間層烘烤約10分鐘。從烤盤取出，放涼，然後切碎。把香蕉切成小丁。香蕉脆片剁碎。把麵粉、泡打粉和鹽混合。

2. 用手持電動打蛋器，在碗裡把奶油和黃砂糖打到乳化。打入蛋，再加入肉桂粉，香草粉及牛奶。用刮勺拌入新鮮香蕉及香蕉脆片、核桃，及麵粉混合物。

3. 把麵團在保鮮膜上揉成30cm的長條圓柱。用保鮮膜包緊後，兩端扭緊，放入冷凍庫約12小時。

4. 將烤箱預熱到攝氏180度。在烤盤上鋪烘焙油紙。把冷凍麵團條切成2cm厚片。把切片放在烤盤上，每片取間隔1-2cm。

5. 把餅乾放進預熱好的烤箱中間層，視餅乾大小而定，大約要烤10-15分鐘，烤出金黃色澤，餅乾的中間應該還有一點軟。從烤箱中取出，放在網架上冷卻。篩撒糖粉，即可上桌。

▼

榛果蘋果餅乾

帶有微微焦糖香

100g蘋果（去皮）• 100g蘋果乾 • 150g室溫無鹽奶油 • 200g黃砂糖（二砂）• 1個蛋 • 1茶匙肉桂粉 • 1茶匙香草粉 • 4湯匙牛奶 • 220g中筋麵粉 • 1茶匙泡打粉 • 1小撮鹽 • 140g切碎的榛果 • 50g燕麥片

製作份量：15個　準備時間：25分鐘 + 2小時冷藏 + 冷卻　烘烤時間：20分鐘

1. 把蘋果剁成非常小塊；把蘋果乾切碎。

2. 用手持電動打蛋器，在碗裡把奶油和糖打到乳化成輕盈的蓬鬆狀。拌入蛋，打到均勻混合為止。再加入肉桂粉、香草粉及牛奶。把麵粉、泡打粉和鹽混合後，加進奶油與糖的混合物中，連同剁碎的新鮮蘋果及果乾、榛果及燕麥片也要加入。用手把所有食材揉成一個柔軟的麵團。

3. 在保鮮膜上把麵團揉成30cm的長條圓柱，也可以做成自己喜好的大小。用保鮮膜包緊後，兩端扭緊，放入冷凍庫約2小時。

4. 烤箱預熱到攝氏190度。在烤盤上鋪烘焙油紙。從冷凍庫取出麵團圓柱後，切成2cm厚片。把切片放在烤盤上，每片取間隔距離1-2cm。

5. 把餅乾放進預熱好的烤箱中間層，視餅乾大小而定，大約要烤20分鐘。從烤箱中取出，放在網架上冷卻。

小訣竅：冷凍餅乾麵團

如果你想要有常備的麵團，以備不時之需，可以先做好冷凍餅乾麵團圓柱。當有需要的時候，就能切成所需餅乾數量，烤來招待客人。剩的麵團又可以放回冷凍庫，留到下次再用。

▼

夏威夷豆焦糖餅乾

加馬爾敦海鹽

製作份量：15個　　準備時間：40分鐘 + 12小時冷凍 + 冷卻

烘烤時間：15分鐘

焦糖堅果：200g夏威夷豆 • 2湯匙糖粉

餅乾本體：150g室溫無鹽奶油 • 200g黃砂糖（二砂） • 1個蛋 • 4湯匙牛奶 • 1茶匙香草粉 • 1條香草莢份量的香草籽 • ½茶匙馬爾敦（Maldon）海鹽，另外多準備一些用來裝飾 • 220g中筋麵粉 • 1茶匙泡打粉

焦糖佐醬：125g細砂糖 • 125g重乳脂鮮奶油 • 15g無鹽奶油

1. 製作焦糖堅果，烤箱預熱到攝氏180度。把夏威夷豆分散鋪在烤盤上，放入烤箱中間層大約烤10分鐘，烤好從烤盤取出放涼。把夏威夷豆放入平底深鍋，撒上糖粉然後用中火不時地翻攪，讓食材均勻地焦糖化。把夏威夷豆放在砧板上冷卻，再放入冷凍袋，用桿麵棍把夏威夷豆敲碎，放在一旁備用。

2. 製作餅乾，用手持電動打蛋器在碗裡把奶油和黃糖打到乳化。打入蛋、牛奶、香草粉、香草籽與鹽。把麵粉和泡打粉混合，也一起拌入。最後把焦糖堅果切拌進來，預留一些裝飾用。

3. 把麵團放在保鮮膜上揉成30cm長條圓柱，要做成大餅乾就揉成粗的；要做成小餅乾就揉成細的。用保鮮膜包緊後，兩端扭緊，放入冷凍庫約2小時。

4. 烤箱預熱到攝氏180度。在烤盤鋪烘焙油紙。把冷凍麵團圓柱條切成2cm的厚片。把切片放在烤盤上，每片取間隔距離1-2cm。

5. 把餅乾放進預熱好的烤箱中間層，大約烤15分鐘，烤出酥脆金黃色澤。從烤箱取出放在網架上冷卻。

6. 這時，把細砂糖放在平底深鍋中，用中火煮到焦糖化。倒入重乳脂鮮奶油，用中小火慢慢加熱，偶而攪拌一下，直到焦糖都融化為止。最後，用手持電動攪拌機拌入奶油。靜置冷卻。蓋好後放入冰箱備用。

7. 食用時，用湯匙或小的擠花袋把焦糖醬在餅乾上滴成你喜歡的圖樣。用一點點馬爾頓海鹽碎片及焦糖堅果裝飾。若是有剩下的焦糖醬可以在冰箱內冷藏，保存一個月。

小訣竅：高級的海鹽

在艾色克斯有製造一種具有特別香氣的海鹽，叫作馬爾敦海鹽。它有堅硬爽脆的質地，是理想的烘焙食材。就算價格比其他海鹽稍微貴了一些，還是很值得拿來做這種餅乾。

▼

餅乾三明治

鹽味巧克力奶油夾心

餅乾：35g室溫無鹽奶油 • 80g糖粉 • 1個蛋 • 30g杏仁粉 • 220g中筋麵粉，另外多準備一些用來篩撒 • 1茶匙香草粉 • ½條香草莢份量的香草籽 • 1個柳橙皮（磨成屑） • 1個無臘檸檬皮（磨成屑）

內餡及裝飾：300g黑巧克力（60%可可固形物） • 25g重乳脂鮮奶油 • 75g葡萄糖漿 • 200g無鹽奶油，切碎 • 海鹽碎片，裝飾用

用具：5cm圓形花邊切模（非必要） • 擠花袋和大圓形花嘴（非必要）

製作份量：20個　準備時間：30分鐘 + 2小時冷藏 + 冷卻　烘烤時間：10-15分鐘

1. 製作餅乾，把奶油、糖粉及蛋放入裝好麵團勾的攪拌器碗中混合。加入杏仁、麵粉、香草粉、香草籽、橙皮及檸檬碎屑，快速把所有東西攪拌到質地滑順。把麵團揉成球狀，壓平後用保鮮膜覆蓋好，放入冰箱至少冰2小時。

2. 把巧克力切碎來做內餡。把鮮奶油及葡萄糖漿用平底深鍋煮沸。拌入巧克力讓它融化。再慢慢分次拌入奶油。放置冷卻，然後蓋好放入冰箱至少2小時。

3. 烤箱預熱到攝氏180度。在烤盤上鋪烘焙油紙。把麵團放在撒了薄薄麵粉的工作臺上，擀成5mm的厚度。用切模或玻璃杯切成直徑5cm的圓。把圓片放在烤盤上，放進預熱好的烤箱中間層，大約烤10-15分鐘，直到烤出金黃酥脆的外觀。從烤箱中取出放在網架上冷卻。

4. 把內餡舀進裝有圓形花嘴的擠花袋中（如果你是用擠花袋）。擠到一片餅乾的半邊，或是就用湯匙挖一團放在上面，再塗抹開來。撒上一點點海鹽碎片，再放上另一片餅乾，輕壓一下。

▼

熔岩巧克力蛋糕

巧克力熔岩內餡

熔岩內餡：45g無鹽奶油 • 200g深黑巧克力（80%可可固形物） • 125g重乳脂鮮奶油 • 35g葡萄糖漿

蛋糕本體：320g黑巧克力（70%可可固形物） • 300g無鹽奶油 • 10個蛋 • 300g細砂糖 • 130g中筋麵粉

用具：20連半球矽膠模（每個直徑約3-4cm），或是類似大小的製冰盒 • 20個玻璃耐熱烤皿，6cm深 • 擠花袋和大的圓形花嘴（非必要）

製作份量：20個　準備時間：20分鐘 + 1小時冷凍　烘烤時間：7-10分鐘

1. 製作熔岩內餡，把奶油及巧克力切碎。一起放入一個耐熱的碗中。把鮮奶油及葡萄糖漿用平底深鍋煮沸，再倒入裝有奶油及巧克力的碗，用球型打蛋器慢慢地攪拌，直到質地滑順為止。把巧克力漿倒入矽膠模孔或製冰盒中，蓋好，然後冷凍。

2. 把巧克力及奶油切碎來製作蛋糕本體。把巧克力和奶油放入一個耐熱的碗中，以小火隔水加熱融化，碗不要接觸到水面，而是懸在滾水上方。

3. 用手持電動打蛋器，把糖與蛋在碗中打到微微呈現泡沫狀。慢慢分次把巧克力混合物拌入。最後把麵粉切拌進去。

4. 烤箱預熱到攝氏190度。把麵糊均分到烤皿中，最好是用擠花袋和大的圓形花嘴。把一個冷凍的巧克力內餡塞入麵糊中間，讓它完全被掩蓋住。

5. 把烤皿放在烤盤上，放進預熱好的烤箱中間層，大約烤5-7分鐘。在微熱的時候取出食用。

小訣竅：完美上桌

這個蛋糕很適合一次招待很多客人時上桌。可以把麵糊在三天前做好，放入烤皿，蓋好存放在冰箱中。做最後一個步驟時，只要把冷凍內餡塞入，因為麵糊是冰的，所以烤的時間比上述多兩分鐘即可。

▼

格子鬆餅

比利時風格

鬆餅本體：150g無鹽奶油 • 90ml牛奶 • 20g新鮮酵母 • 200g中筋麵粉
• 100g淺色裸麥粉 • 2個蛋 • 1小撮鹽 • 1½ 茶匙香草粉
• 125g珍珠糖（參閱218頁） • 無味蔬菜油，烹調用（非必要） • 糖粉，用來篩撒
用具：格子鬆餅機

製作份量：8個　準備時間：15分鐘　烘烤時間：30分鐘

格子鬆餅是我兒時最有代表性的回憶。
我母親做的簡單格子鬆餅好吃極了，但隨著時間過去，
我發現我特別喜歡比利時風的格子鬆餅，質地比較扎實，口感非常不同。

1. 把奶油放在平底深鍋中，用小火融化。把牛奶及90ml的水倒入另一個鍋子，加熱到微溫，再將酵母溶入。把兩種麵粉和在一起，在一個大碗中拌勻。

2. 用手持電動打蛋器把蛋、鹽及香草粉在碗中打到呈現泡沫狀。把牛奶混合液拌入，然後加入麵粉攪拌。分次慢慢倒入奶油，過程中要一直攪拌。最後把珍珠糖切拌進來。

3. 預熱鬆餅機。如有必要，稍微在烤盤表面抹一點油。倒入2湯匙的麵糊在烤盤上，蓋上鬆餅機烤2-3分鐘。繼續烘烤這些金黃色的格子鬆餅，直到你的麵糊用完為止。趁熱上桌，篩撒上糖粉。

小訣竅：把他們堆疊起來

只要把格子鬆餅用鮮奶油（或者是調味過的鮮奶油）和櫻桃或李子層層堆疊起來，就可以做成格子鬆餅「蛋糕」。

▼

酥脆牛軋糖

加巧克力塗層

酥脆牛軋糖：無味蔬菜油，烤盤用 • 50g杏仁粉 • 600g細砂糖 • 500g杏仁牛軋糖

塗層：150g杏仁脆糖 • 150g黑巧克力

用具：製糖溫度計 • 花邊刮板（非必要）

製作份量：20塊　　準備時間：30分鐘 + 1小時冷藏 + 加熱

1. 製作酥脆牛軋糖，把烤箱預熱到攝氏100度。為烤盤刷上蔬菜油後，放入烤箱內加熱。在一張烘焙油紙上均勻撒上杏仁粉。

2. 在平底深鍋中用中火把砂糖稍微焦化。同時，用一個耐熱的碗把牛軋糖以小火隔水加熱到攝氏80度融化，碗不要直接接觸到水。從烤箱中取出烤盤，先倒上焦糖，再倒上融化的牛軋糖。

3. 用兩支刮刀翻攪焦糖與牛軋糖，讓彼此交互覆蓋數次，你會得到很多層的焦糖與牛軋糖。倒到撒有杏仁粉的烘焙油紙上，再把所有的東西和在一起翻攪。蓋上另一張烘焙油紙，擀出一塊約2cm厚的長方形。讓它冷卻到室溫。

4. 製作塗層，把杏仁脆糖及巧克力切碎。一起裝進耐熱的碗，以小火隔水加熱融化（碗不直接接觸水面）。用一半的塗層在冷卻的牛軋糖上抹薄薄一層。放入冰箱冷藏約30分鐘，直到凝固定型為止。

5. 將牛軋糖塊翻面。如果剩下的塗層已經凝結，以小火隔水加熱到融化，再抹到牛軋糖塊上。如果你喜歡的話，可以用花邊刮板在脆皮上做出波浪花紋。放入冰箱冷藏約30分鐘，直到凝固定型為止。

6. 上桌前20分鐘，把牛軋糖塊從冰箱取出，讓它退冰回室溫。用一把鋒利的刀子切成每一塊3×3cm的大小。如果用保鮮膜包好，這種酥脆牛軋糖可以在冰箱內保存約一星期。

小訣竅：簡單的變化

用郵購（參閱218頁）買現成的榛果醬與榛果小脆片來做更快。將375g榛果醬（60%榛果）和150g牛奶巧克力一起裝進耐熱的碗中，以小火隔水加熱融化（碗不直接接觸水面）。把180g榛果小脆片拌入。在鋪有烤盤紙的烤盤上攤開成厚度2cm的厚片。放進冰箱冷藏4小時讓它凝固。再如上指示，抹上巧克力塗層、切成小塊。

▼

椰子生薑馬卡龍

加辣椒

馬卡龍本體：10g生薑 • 240g細砂糖 • 170g蛋白（大約5個雞蛋） • 200g椰子粉 • 1小撮辣椒粉（參考小訣竅） • 融化的白巧克力（非必要） • 融化的黑巧克力（非必要） • 乾辣椒細絲（非必要，參閱218頁）

用具：擠花袋和中型圓花嘴

製作份量：約50個　準備時間：15分鐘 + 冷卻　烘烤時間：15分鐘

我研發這款馬卡龍當作亞洲料理的飯後甜點。
這種點心非常特別：有溫和的椰子、辛辣的生薑，以及獨特的辣椒熱度。

1. 烤箱預熱到攝氏180度。在烤盤鋪上烘焙油紙。把生薑去皮切細碎。

2. 把生薑、糖、蛋白、椰子粉及辣椒粉一起放入個耐熱碗中。以小火隔水加熱，一邊攪拌到微微發亮（碗不要直接接觸水面，不然會過熱）。

3. 舀進裝有中型圓花嘴的擠花袋，然後在烤盤上擠成約50個、每個直徑約3cm的小圓坵。

4. 把馬卡龍放進預熱好的烤箱中間層，大約烤15分鐘，烤出金黃色澤。從烤箱中取出放在網架上冷卻。若想要的話，可以用融化的巧克力及乾辣椒細絲裝飾。

小訣竅：

視製造商及其成分而定，辣椒粉每一批的辣度各有不同。所以剛開始加辣椒粉時要小心，而且要不斷試嚐，直到你覺得混合物的辣度已調味適中為止。

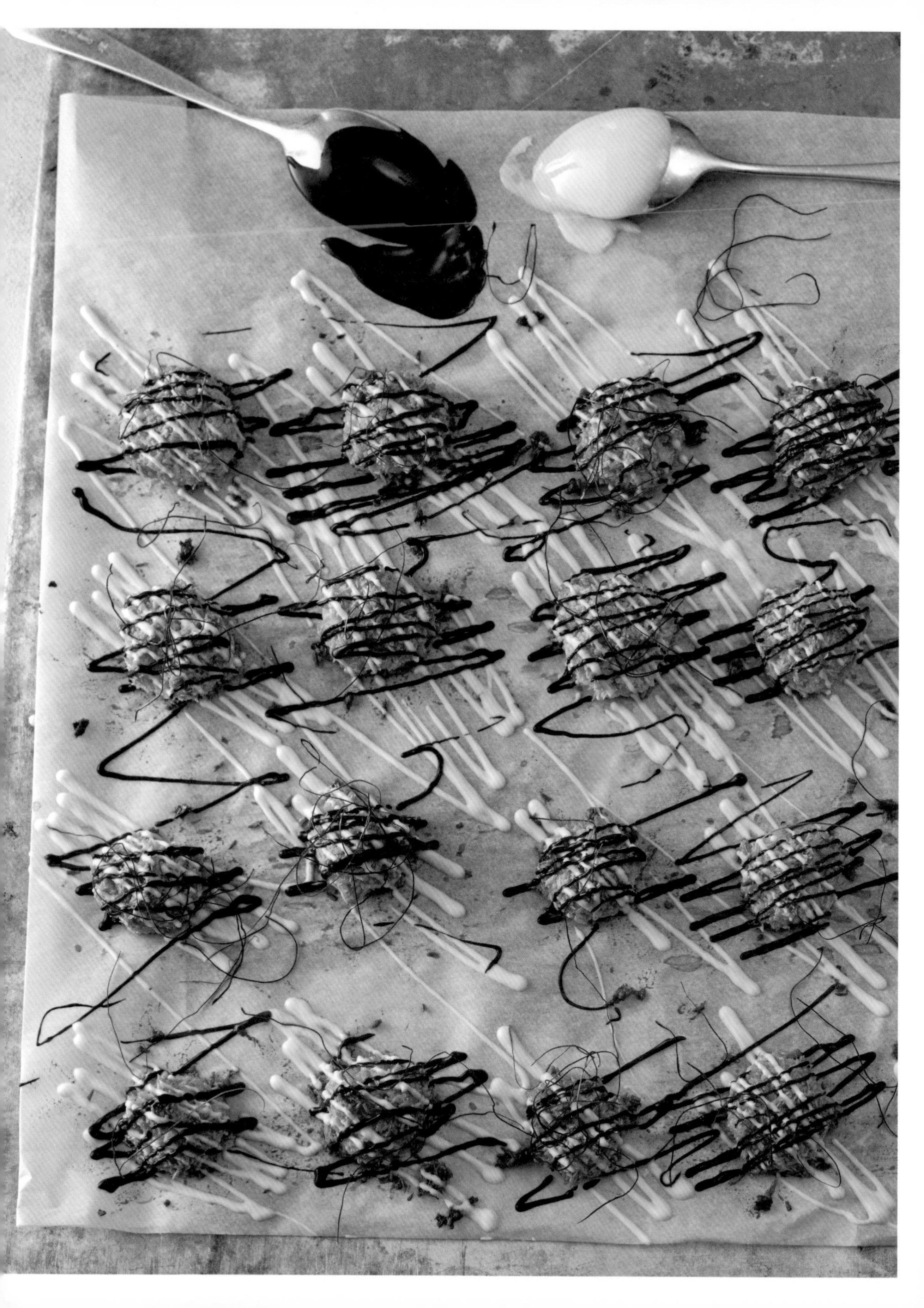

小訣竅：保存起來

義式杏仁小圓餅理想上適合事先準備好。不論是冬天或夏天，這種甜點的口感可以維持很久，而且在密封容器中可放2-3週。這個原則也適用於義式杏仁硬餅（參閱56頁）

▼

義式杏仁小圓餅

加芳香杏仁

義式杏仁小圓餅本體：4個蛋白，加1個蛋黃 • 1小撮鹽 • 1條香草莢份量的香草籽
• 200g糖粉，另外多準備一些用來篩撒（非必要） • 400g杏仁粉 • 6湯匙杏仁香甜酒 • 1湯匙檸檬汁
用具：擠花袋和中型圓花嘴

製作份量：約50個　　準備時間：15分鐘 + 冷卻　　烘烤時間：1¼ 小時

義式杏仁小圓餅是傳統的義大利小餅乾，和義式濃縮咖啡搭配滋味非常棒。
杏仁香甜酒細緻的杏仁香氣，使它成為完美的甜點配方，
例如可用來做乳脂鬆糕——由層層鮮奶油和水果組成的甜點。

1. 烤箱預熱到攝氏150度。在烤盤鋪上烘焙油紙。

2. 用手持電動打蛋器，把蛋白及香草籽在碗中打發到尾端可以形成直立的尖角狀，分次用湯匙慢慢加入糖粉，一邊打一邊加（參考右邊的小訣竅）。分次慢慢加入杏仁粉。然後小心把蛋黃、杏仁香甜酒及檸檬汁切拌進去。

3. 把杏仁混合物用湯匙挖到裝有中型圓花嘴的擠花袋，然後在烤盤上擠成約50個大小相同的小圓坵，每個約直徑1-2cm。

4. 把義式杏仁小圓餅放進預熱好的烤箱中間層，大約烤15分鐘，烤出金黃色澤，然後關掉爐火讓小圓餅留在已熄火的烤箱中，多乾燥1小時。最後，從烤箱中取出放在網架上冷卻。

5. 如果你喜歡的話，可以在義式杏仁小圓餅上篩撒多一點糖粉。儲存在密封容器中，要吃的時候再拿出來。

小訣竅： 打發蛋白

成功打發蛋白關鍵是把手持電動打蛋器設定在中轉速。這樣打發的蛋白會較穩固。

杏仁硬餅

義大利式

250g中筋麵粉 • 1茶匙泡打粉 • 140g細砂糖
• 50g杏仁粉 • 2個蛋，加2個蛋黃 • 120g整粒去皮杏仁

製作份量：約50個　準備時間：25分鐘 + 20分鐘冷藏 + 冷卻　烘烤時間：40分鐘

這種烤了兩次的小小杏仁餅乾來自義大利托斯卡尼，
最適合搭配一杯同樣來自義大利的甜酒——聖酒 (Vin Santo)。
這種酒特別能襯托甜點的香甜。
烤了兩次的意思，也就表示口感真的很的酥脆，與咖啡或茶也是絕配。

1. 把麵粉、泡打粉、糖及杏仁粉放入裝好麵團勾的攪拌器碗中混合。加入蛋及蛋黃，快速地揉成一個光滑的麵團。加入整粒杏仁很快地揉合。把麵團整成球型，用保鮮膜包好，放入冰箱冷藏20分鐘。

2. 此時，把烤箱預熱到攝氏180度，在烤盤上鋪烘焙油紙。把麵團分成5份，然後分別整成稍微扁平、寬度約3cm的長條。放在烤盤上，每個取間隔距離5cm。

3. 把麵團放進預熱好的烤箱中間層，大約烤25分鐘。取出後冷卻，但不要把烤箱關熄。把烤過的麵團用鋸齒刀斜切成每一片約1cm厚的切片，然後把切片平放在烤盤上。把這些義式杏仁硬餅再烤15分鐘，烤出金黃色澤的成品。

4. 把義式杏仁硬餅從烤箱中取出放在網架上冷卻。食用前保存在密封容器中。

▼

巧克力塔

塔皮：150g無鹽奶油，切碎，另外多準備一些用來塗抹塔模 • 100g糖粉 • 30g杏仁粉 • 1個蛋 • 250g中筋麵粉，另外多準備一些用來篩撒

內餡：250g深黑巧克力（80%可可固形物） • 230g重乳脂鮮奶油 • 25g葡萄糖漿 • 40g室溫無鹽奶油（切碎）

用具：2個12cm塔模 • 烘焙重石、乾豆或生米

製作份量：2個　　準備時間：30分鐘 + 4小時冷藏 + 冷卻　　烘烤時間：15-20分鐘

1. 製作塔皮，先把奶油和糖粉放入碗中混合。可以用指尖把奶油和糖粉搓合，或是用裝了麵團勾的攪拌器來攪拌也可以。接著，揉入杏仁粉，再加入蛋。最後篩撒上麵粉，把所有食材迅速揉合成滑順的質地。把麵團整成一個圓球，壓平後用保鮮膜包好，放入冰箱最少冷藏2小時。

2. 烤箱預熱到攝氏180度，為兩個塔模抹上奶油。在撒有麵粉工作臺上，或是在兩張保鮮膜之間，把麵團擀成5mm厚，然後鋪在塔模上。切除多餘的塔皮，再用叉子在塔皮的底部戳幾下。

3. 空烤塔皮，先在塔皮上鋪好烘焙油紙，在鋪了烘焙油紙的塔皮內放滿烘焙重石、乾豆或生米，用重量壓著塔皮。放進預熱好的烤箱中間層，空烤塔皮大約要烤10分鐘。把烘焙重石、乾豆或生米以及烘焙油紙移除，然後繼續烤5-10分鐘直到塔的底部呈金黃色為止。把塔皮從烤箱中取出，留在塔模中冷卻。

4. 這時，把要做內餡的巧克力切碎。把鮮奶油及葡萄糖漿用平底深鍋煮沸。離火後，再慢慢地把巧克力倒進去，同時用手持電動攪拌機一邊攪拌，注意過程中不要讓空氣拌入。之後再拌入奶油，還是要確保沒有拌入空氣。

5. 在塔皮內填滿巧克力混合物，抹平。不用覆蓋，放在室溫下冷卻，然後再覆蓋好放入冰箱冷藏至少2小時。切巧克力塔時，使用熱過的刀刃：把刀刃放入熱水一下下，擦乾，然後立刻用來切巧克力塔。

小訣竅：豪華的金銀裝飾

金箔或銀箔紙，或是金箔碎片可以用來裝飾巧克力塔，會讓成品外觀更令人驚豔。這些東西可以在大型超市或是郵購公司（參閱218頁）買到，而且可以永久保存。

▼

酸奶油塔

創意之作

塔皮：135g無鹽奶油，切碎，另外多準備一些用來塗抹塔模 • 80g糖粉 • 1個蛋 • 1茶匙香草粉 • 1小撮鹽 • ¼ 條香草莢份量的香草籽 • 30g杏仁粉 • 225g中筋麵粉，另外多準備一些用來篩撒

內餡：1個蛋 • 50g細砂糖 • 20g香草奶凍粉 • 500g酸奶油 • 新鮮藍莓，搭配上桌（非必要）

用具：2個12cm塔模 • 烘焙重石、乾豆或生米

製作份量：2個　準備時間：20分鐘 + 6小時冷藏 + 冷卻　烘烤時間：35分鐘

1. 製作塔皮，把奶油、糖粉、雞蛋、香草粉、鹽及香草籽放入裝好麵團勾的攪拌器碗中拌揉。加入杏仁粉及麵粉，然後把所有的食材迅速揉合出滑順質地。把麵團整成一個圓球，壓平後，再用保鮮膜包好，放入冰箱最少冷藏2小時。

2. 這時，用打蛋器把蛋及糖、香草奶凍粉和酸奶油在深碗中混合，注意不要拌入空氣。烤箱預熱到攝氏190度。為塔模抹上奶油，再撒一點麵粉，把多餘的麵粉輕敲抖掉。

3. 在撒有麵粉的工作臺上，或是在兩張保鮮膜之間，把麵團擀成5mm厚的圓，然後鋪在塔模上。切除多餘的塔皮，再用叉子在整張塔皮上到處戳幾下。

4. 在塔皮上鋪好烘焙油紙，然後在鋪了油紙的塔皮內填滿烘焙重石、乾豆或生米，用重量壓著塔皮。放進預熱好的烤箱中間層，大約把塔皮烤15分鐘。

5. 從烤箱中取出塔皮，並移除烘焙重石及烘焙油紙。倒入酸奶油混合物，抹平。再放入烤箱烤，約20分鐘。內餡的中心看起來還會有一點晃動，但冷卻時就會慢慢凝固。從烤箱取出後，留在塔模中冷卻，然後放入冰箱冷藏至少4小時。小心從塔模中取出，用藍莓（如果有用到的話）加以點綴，即可食用。

小訣竅：用哪一種奶油？

超市裡有賣各式各樣的酸奶油。就這個食譜來說，要避免使用「低脂」配方。想要做出理想的成品，在這道食譜中要使用的是含脂量約20%的酸奶油。

▼

紅酒蛋糕

佐尚提伊鮮奶油

蛋糕本體：250g室溫無鹽奶油，另外多準備一些用來塗抹烤模
• 250g中筋麵粉，另外多準備一些用來撒在烤模中 • 2茶匙泡打粉 • 1湯匙可可粉 • 100g杏仁粉
• 200g細砂糖 • 2茶匙香草粉 • 1湯匙肉桂粉 • 4個蛋 • 250ml紅葡萄酒，外加150-200ml浸泡用
• 葡萄（對半切，裝飾用） • 白巧克力（刨絲，裝飾用） • 杏仁脆糖（壓碎，裝飾用，非必要）
尚提伊鮮奶油：300g超濃重乳脂鮮奶油 • 50g重乳脂鮮奶油 • 60g糖粉 • 1條香草莢份量的香草籽
用具：24cm活動蛋糕烤模 • 擠花袋和圓形花嘴

製作份量：12人份　準備時間：20分鐘 + 冷卻　烘烤時間：45-50分鐘

1. 烤箱預熱到攝氏180度。為蛋糕烤模抹上奶油，撒上一點麵粉，把多餘的麵粉抖掉。把麵粉和泡打粉、可可粉及杏仁粉混合。

2. 用手持電動打蛋器在碗中把奶油和砂糖、香草粉及肉桂粉，以中速打5分鐘，直到乳化成輕盈的蓬鬆狀。一次拌入一個雞蛋，每加一顆進去都要確實打勻。再拌入250ml的紅酒，最後拌入麵粉混合物。

3. 把麵糊舀入蛋糕烤模中，然後抹平。放進預熱好的烤箱中間層，大約烤45-50分鐘。

4. 製作提伊鮮奶油，用手持電動打蛋器把超濃重乳脂鮮奶油、重乳脂鮮奶油、糖粉及香草籽打發到成形，舀入裝有圓形花嘴的擠花袋。放在陰涼的地方，但不能放在冰箱裡，備用。

5. 從烤箱取出後，蛋糕留在烤模內約5分鐘。淋上150-200ml的紅酒，靜置片刻，再從烤模中取出，放在網架上冷卻。

6. 等蛋糕冷卻後，擠上尚提伊鮮奶油，用對半切的葡萄、刨成絲的白巧克力，及杏仁脆糖（如果有用的話）裝飾。

▼

大理石蛋糕

經典款

蛋糕本體：300g室溫無鹽奶油，另外多準備一些用來塗抹烤模 • 350g中筋麵粉，另外多準備一些用來撒在烤模中 • 75g糖粉，另外多準備一些用來篩撒 • 7個蛋 • ½條香草莢份量的香草籽 • ½個無臘檸檬皮（刨絲） • 2 滴苦杏仁香精 • 100ml牛奶 • 200g細砂糖 • 2茶匙泡打粉 • 25g可可粉

用具：22cm磅特蛋糕烤模（空心菊花模） • 擠花袋和圓形花嘴（非必要）

製作份量：16人份　　準備時間：20分鐘 + 冷卻　　烘烤時間：50-60分鐘

1. 烤箱預熱到攝氏180度。為磅特蛋糕烤模抹上奶油，撒上一點麵粉，再把多餘的麵粉輕敲抖掉。

2. 用手持電動打蛋器在碗中把奶油和糖粉混合。分離蛋白和蛋黃。在奶油和糖粉混合物中，一次打入一個蛋黃，每加入一個之後都要確實打勻。再拌入香草籽、檸檬皮、苦杏仁香精及牛奶。

3. 用徹底清潔過的乾淨手持電動打蛋器，以中速打發蛋白，一邊打一邊加入砂糖。把打發蛋白切拌進奶油混合物中。最後，混合麵粉及泡打粉，再小心切拌進蛋白、奶油混合物中。

4. 將2/3的麵糊倒入烤模中。讓可可粉過篩、撒入剩下的麵糊中，然後小心切拌，讓所有食材都再次混合成滑順的質地。要做出特別美麗的大理石效果：把可可麵糊放入裝有圓形花嘴的擠花袋，然後擠到淺色的麵糊上；或者也可以做出沒那麼有特色的大理石花紋，那就用湯匙把可可麵糊直接放入淺色麵糊中。最後，用叉子在麵糊中畫一圈，讓深淺兩色的麵糊稍微混合一下。

5. 將蛋糕放進預熱好的烤箱底層，大約烤50-60分鐘。要檢查蛋糕是否烤好，可以用一根烤肉串叉插入蛋糕。如果抽出後沒有蛋糕糊附著在上面，就是烤好了。從烤箱取出後留在烤模內約5分鐘。然後把蛋糕翻轉過來，讓蛋糕留在烤模中放在網架上冷卻。篩撒上糖粉即可食用。

小訣竅：迷你磅特蛋糕

你也可以不要做那麼大的磅特蛋糕，改成做一堆迷你磅特蛋糕。現在特製的迷你磅特蛋糕烤模幾乎到處都買得到。篩撒上糖粉，或是用你喜歡的方式裝飾，這會是野餐或是自助餐會時的完美小點。記得小的磅特蛋糕所需烘烤時間較短，可以用步驟5所說的烤肉串叉，來檢查迷你磅特蛋糕烤好了沒。

▼

巧克力磅特蛋糕

克里斯蒂安式

蛋糕本體：無鹽奶油，用來塗抹烤模 • 200g中筋麵粉，另外多準備一些用來撒在烤模中 • 100g牛奶巧克力 • 80g可可粉 • 2茶匙泡打粉 • 2個大的雞蛋 • 250g細砂糖 • 155ml無味蔬菜油 • 125g超濃重乳脂鮮奶油 • 120ml牛奶 • 1條香草莢份量的香草籽 • 1個無臘檸檬（磨成細屑） • 1小撮鹽

巧克力糖霜及裝飾：4張吉利丁片 • 75g細砂糖 • 25g可可粉 • 50g重乳脂鮮奶油 • 2湯匙可可豆，裝飾用（非必要） • 調溫白巧克力片，裝飾用（參考218頁）

用具：22cm磅特蛋糕烤模（空心菊花模） • 製糖溫度計

製作份量：12人份　準備時間：40分鐘 + 1小時晾乾 + 冷卻　烘烤時間：50-60分鐘

1. 烤箱預熱到攝氏150度。為磅特蛋糕烤模抹上奶油，撒上一點麵粉，把多餘的輕敲抖掉。

2. 製作蛋糕，把巧克力切碎放入一個耐熱的碗中，以小火隔水加熱融化（碗不直接接觸水面）。把麵粉、可可粉及泡打粉混合。

3. 用手持電動攪拌器把糖與蛋放在深杯中，打出乳化綿密的質地。再一邊打一邊以細流慢慢地加入油，打出美乃滋般的質地。移入另一個碗中。

4. 把麵粉混合物用球型打蛋器拌入步驟3的乳狀混合物。再拌入超濃重乳脂鮮奶油，之後依序拌入牛奶、香草籽、檸檬皮細屑及鹽。最後把融化的巧克力切拌進去。

5. 把麵糊舀入烤模中，整平表面後放進預熱好的烤箱中間層，大約烤50-60分鐘。用烤肉串叉插入蛋糕的中心，檢查是不是已經烤好了。如果拿出來後沒有蛋糕糊沾附在上面，就是烤好了。從烤箱取出後留在烤模內約5分鐘。然後將蛋糕翻轉過來，讓蛋糕留在烤模中，在網架上冷卻。

6. 這時，把吉利丁片泡入冷水10分鐘，準備製作糖霜。把砂糖及可可粉放入平底深鍋中，加入120ml的水煮沸，然後離火。擠乾吉利丁，溶入溫熱的可可粉溶液中。用手持電動攪拌器拌入重乳脂鮮奶油，小心不要把空氣打進去。立刻用保鮮膜覆蓋表面，防止薄膜形成，再讓它冷卻到45度（參考小訣竅），用製糖溫度計來監測溫度。

7. 如果想要的話，可以把可可豆以攝氏190度烘烤5-7分鐘，冷卻後磨碎。在蛋糕上淋上糖霜，在蛋糕底部邊緣壓上一圈磨碎的可可豆，然後再用白巧克力片裝飾。晾乾約一小時。

小訣竅：注意溫度

製作糖霜的時候，要特別注意不要讓淋醬太熱，否則會黯淡無光，而不會閃閃發亮。如果把糖霜控制在理想的溫度，它會完全貼在蛋糕上，有效地把蛋糕包覆好。這樣可以讓蛋糕保持溼潤久一點。如果你喜歡的話，可以用白巧克力或牛奶巧克力來做糖霜。

▼

藍莓馬德拉蛋糕

加什錦麥片

蛋糕本體：250g室溫無鹽奶油，另外多準備一些用來塗抹烤模 • 275g中筋麵粉，另外多準備一些用來撒在烤模中 • 1茶匙泡打粉 • 200g高品質的什錦麥片，外加4湯匙，裝飾用 • 210g糖粉，外加6湯匙，做糖霜用 • ½條香草莢份量的香草籽 • 100g高品質的杏仁膏 • 6個蛋 • 250g新鮮或解凍的藍莓，外加125g新鮮藍莓，裝飾用（非必要）

用具：25cm長條蛋糕烤模

製作份量：8人份　準備時間：20分鐘 + 冷卻　烘烤時間：55分鐘

1. 烤箱預熱到攝氏190度。為蛋糕烤模抹上奶油，撒上一點麵粉，再把多餘的輕敲抖掉。把麵粉和泡打粉及什錦麥片混合。

2. 用手持電動打蛋器在碗中把奶油、糖粉和香草籽，以中速打5分鐘直到乳化成綿密狀為止。在另一個碗中，用手持電動打蛋器把杏仁膏打出滑順質地，一次加入一個雞蛋，打到所有食材都滑順地混合在一起為止。把杏仁膏混合物拌入奶油混合物中，再拌入麵粉混合物，快速攪拌均勻。最後把藍莓切拌進去。

3. 把麵糊舀入烤模中，整平表面後放進預熱好的烤箱中間層，大約烤10分鐘。用刀子在蛋糕的中間縱向劃大約1cm深的切痕。把溫度降到160度後，大約烤45分鐘。從烤箱取出後留在烤模內冷卻。

4. 製作蛋糕裝飾，把4湯匙什錦麥片加2湯匙糖粉倒入平底深鍋中，以中火加熱讓食材稍微焦糖化。製作糖霜，把剩下的糖粉加1湯匙的水，在碗中攪拌得均勻滑順。在蛋糕上撒上糖霜，再撒上什錦麥片，然後用藍莓裝飾。

小訣竅：篩撒烤模

你可以不用麵粉，改用杏仁粉，其他的堅果粉或是餅乾屑，只要是這一類合適的食材，都可以用來篩撒烤模、增添額外的風味。

▼

萊姆磅蛋糕

加生薑

蛋糕本體：200g室溫無鹽奶油，另外多準備一些用來塗抹烤模 • 260g中筋麵粉，另外多準備一些用來撒烤模 • 3個萊姆，外加萊姆皮細絲，裝飾用（非必要） • 60g生薑 • 150g細砂糖 • 100g黃砂糖（二砂） • 1小撮鹽 • 4個蛋 • 2茶匙泡打粉

糖霜：1個萊姆 • 250g糖粉

用具：25cm長形蛋糕烤模

製作份量：8人份　準備時間：30分鐘 + 2小時晾乾 + 冷卻　烘烤時間：70-80分鐘

1. 烤箱預熱到攝氏170度。為蛋糕烤模塗上奶油，撒一點麵粉，再抖掉多餘的。

2. 把萊姆洗淨、擦乾。把果皮刨成細屑。萊姆汁擠出來備用。生薑去皮、剁得極細碎，或磨碎。

3. 用手持電動打蛋器把奶油和兩種糖、鹽、萊姆皮與薑在深杯中，以中速打出輕盈的蓬鬆狀。一次打入一個蛋黃，每加入一顆蛋黃，都要打得很均勻，再加下一顆。混合麵粉與泡打粉，再切拌進蛋黃混合物中。

4. 把麵糊舀進烤模中，整平表面，然後放進預熱好的烤箱中間層，大約烤70-80分鐘。如果顏色變深的速度太快，就在烤了約35-45分鐘後，用鋁箔紙蓋住表面後再烤。從烤箱取出後，留在烤模內讓蛋糕稍微冷卻一點。

5. 把預留的萊姆汁用平底深鍋煮沸後，均勻地淋在溫熱的蛋糕上。讓蛋糕留在烤模內完全冷卻。

6. 製作糖霜，要把萊姆汁擠出，再和糖粉攪拌在一起，之後加入3-4湯匙的水，做出滑順濃稠的糖霜，小心水不要加太多。把糖霜淋在蛋糕上，再隨意撒上萊姆皮細絲（如果有用到的話）。讓糖霜自然乾燥、定型，約1-2小時。

小訣竅：讓蛋糕冷卻

我喜歡讓蛋糕留在烤模內冷卻。這樣蛋糕裡的水氣就不會蒸發掉，能讓蛋糕保持溼潤爽口。

▼

大黃蛋糕

以蛋白霜作裝飾配料

蛋糕本體：150g室溫無鹽奶油，另外多準備一些用來塗抹烤模 • 600g大黃 • 150g細砂糖 • 1條香草莢份量的香草籽 • 1個無臘檸檬皮（磨成細屑） • 150g中筋麵粉 • 75g玉米粉 • 1½茶匙泡打粉 • 2個蛋，外加3個蛋黃

蛋白霜：4個蛋白 • 1小撮鹽 • 165g細砂糖

用具：26cm活動蛋糕烤模

製作份量：12人份　準備時間：45分鐘 + 冷卻　烘烤時間：25-30分鐘

1. 烤箱預熱到攝氏180度，在活動蛋糕烤模內抹上奶油。

2. 製作蛋糕，把大黃莖部比較硬的那端切除，再把大黃切成小塊。把奶油和糖、香草籽及檸檬皮打出輕盈的蓬鬆狀。把麵粉、玉米粉及泡打粉放在碗中混合。慢慢分次把雞蛋與蛋黃打入奶油混合物中，每一次加入雞蛋都要打得很均勻，再繼續加。然後把麵粉混合物拌入。最後把大黃也切拌進去。把麵糊舀入烤模中，放進預熱好的烤箱中間層大約烤20分鐘。靜置冷卻。

3. 把烤箱加熱到攝氏200度，準備做蛋白霜。用手持電動打蛋器把蛋白和鹽及3湯匙的水，用中速打到質地堅挺，再一邊打一邊加入砂糖。讓這個混合物靜置10分鐘，再用抹刀把它抹到蛋糕上，然後放入烤箱上層，大約烤5-10分鐘，烤出金黃色澤為止。讓蛋糕冷卻後，再小心脫模取出。

小訣竅：靜置的時間

讓蛋白霜在室溫下靜置10分鐘，直到表面形成一層薄薄的膜為止。這樣會讓質地較穩固，降低在烘烤時塌陷的機率。

▼

德勒斯登甜蛋糕

糖酥脆皮

蛋糕本體：125ml牛奶，多準備一點備用 • 15g新鮮酵母 • 25g細砂糖 • 150g中筋麵粉，多準備一點備用 • 1小撮鹽 • 35g室溫無鹽奶油，另外多準備一些用來塗抹烤模

上層糖酥：180g無鹽奶油 • 2個蛋 • 180g細砂糖 • 40g中筋麵粉

用具：28cm活動蛋糕烤模

製作份量：12人份　準備時間：30分鐘 + 50分鐘靜置 + 冷卻　烘烤時間：25-30分鐘

1. 把牛奶加熱到微溫。捏碎酵母塊，和糖一起加入牛奶，一起攪拌到酵母溶解。

2. 在碗中把麵粉、鹽、奶油及酵母溶液混合，揉麵團，直到質地光滑有彈性，不再沾黏在碗上為止。必要的話，可以加一些牛奶或麵粉調整。用一條乾淨的茶巾蓋上，讓麵團在室溫下發酵約30分鐘。

3. 為蛋糕烤模抹上奶油後，把麵團放進去，修整一下邊緣。讓麵團在室溫下再發酵約20分鐘，直到體積明顯地變大許多。

4. 這時，把烤箱預熱到攝氏190度。製作上層糖酥，把奶油放在平底深鍋中，以小火加熱融化。把雞蛋、糖與麵粉攪拌均勻，再拌入融化的奶油，把所有食材統統攪拌得均勻滑順。

5. 把上層糖酥倒在發酵好的麵團上。放入烤箱底層，大約烤25分鐘，直到烤出金黃色澤為止。如果上層顏色變深速度太快，但麵團還沒烤透，就用一張鋁箔紙蓋在上層。從烤箱取出後，讓蛋糕留在烤模內冷卻。

小訣竅：麵團發酵

麵團要明顯變大許多，所需的時間和室溫有很大的關係。在正常的室溫（約攝氏20度）下，大約需要30分鐘。當然，如果室溫偏低，麵團會發酵得比較慢；如果室溫偏溫暖，麵團變大的速度就比較快。

▼

杏桃蛋糕

加杏仁及香草奶凍

香草奶凍：3個蛋黃 • 1包香草奶凍粉 • 330ml牛奶 • 330g重乳脂鮮奶油
• 1條香草莢份量的香草籽 • 50g細砂糖 • 1/4個無臘檸檬（磨成細屑）
蛋糕本體：150g室溫無鹽奶油 • 100g中筋麵粉 • 1茶匙泡打粉 • 250g細砂糖 • 100g杏仁粉 • 1小撮鹽 • 8個蛋白
奶酥及杏桃： 210g中筋麵粉 • 100g黃砂糖（二砂） • 1 茶匙香草粉 • 120g無鹽奶油，切小塊 • 300g杏桃
用具：30 × 20cm長方形烤模或28cm活動蛋糕烤模 • 擠花袋和圓形花嘴

製作份量：15人份　準備時間：1小時 + 12小時冷藏　烘烤時間：1小時

1. 提前一天先做香草奶凍，用球型打蛋器把蛋黃及香草奶凍粉在一個碗中混合。把牛奶倒入平底深鍋中，連同重乳脂鮮奶油、香草籽、細砂糖一起煮沸，過程中要不斷地攪拌。慢慢地一邊攪拌、一邊把煮沸的牛奶混合液倒入蛋黃混合物中，也要不斷地攪拌。再把全部倒回平底鍋中，再次加熱到稍微沸騰，同樣要不斷地攪拌，讓質地變濃稠。將整鍋混合物過篩後，再拌入檸檬皮。用保鮮膜蓋好，靜置冷卻，再放入冰箱冷藏。

2. 烤箱預熱到攝氏190度。在烤模底部鋪上烘焙油紙。

3. 製作蛋糕，先把奶油放入平底鍋中，用中火加熱融化。把麵粉、泡打粉、砂糖、杏仁粉及鹽放入碗中。用手持電動打蛋器把奶油拌入，再小心地拌入蛋白。把麵糊舀入烤模中。

4. 製作奶酥，把麵粉、砂糖、香草粉及奶油用手指揉捏混合，直到麵團變成粗糙的碎塊狀為止。把每顆杏桃去籽後切成8塊。把杏桃分散放在蛋糕麵糊上，再撒上奶酥，然後放進預熱好的烤箱中間層，大約要烤25分鐘。

5. 這時，把香草奶凍用打蛋器再次打成滑順質地，然後放入裝有圓形花嘴的擠花袋。蛋糕烤25分鐘後取出烤箱，但不要關掉烤箱。擠上少量的香草奶凍在蛋糕上，然後繼續烤35分鐘。

小訣竅：用其他水果烘焙

使用其他水分含量高的水果，如蘋果或梨子，來做這種甜點時，要在水果切片上篩撒一些麵粉，不然水分會在烤的時候滲出來，把蛋糕弄得糊糊的。

▼

世界各地的經典甜點

你會說點心的語言嗎？

烘焙旅程已經帶著你環遊世界
到遙遠的國度了嗎？還沒有？
那麼接下來這一章的食譜，
會使你的旅程變得非常輕鬆，
你甚至不用踏出廚房，
就能一路從美國烘焙到法國，
中間行經義大利、瑞典——
讓你的味蕾盡情享受世界各地的甜點吧！

▼

美式乳酪蛋糕

百香果口味

蛋糕底層：150g無鹽奶油（切小塊，室溫）• 150g黃砂糖（二砂）• 1小撮鹽
• ½條香草莢份量的香草籽 • 300g中筋麵粉 • 1 個蛋黃
內餡：450g全脂奶油乳酪 • 120g酸奶油 • 120g細砂糖 • 3個蛋
• 1條香草莢份量的香草籽 • ½個無臘檸檬皮（刨細絲）• 1小撮鹽
果凍及裝飾：3張吉利丁片 • 200g百香果果泥，最好是有含籽（10%糖，參閱219頁），或是百香果蜜或果汁
• 調溫白巧克力片，裝飾用（非必要，參考218頁）• 烘烤過的椰子粉，裝飾用（非必要）
用具：18cm活動蛋糕烤模

製作份量：8人份　準備時間：30分鐘 + 2小時冷藏 + 冷卻　烘烤時間：45-50分鐘

1. 烤箱預熱到攝氏190度。在烤模底部鋪上烘焙油紙。

2. 製作乳酪蛋糕底層，把奶油、砂糖、鹽、香草籽及麵粉在碗中混合，用手指把所有材料揉捏成碎塊狀。把奶酥鋪滿烤模底部，壓實，確定所有地方都有鋪到。放進預熱好的烤箱中間層，大約烤10分鐘，直到烤出金黃色澤為止。取出後刷上蛋黃，再烤5分鐘。從烤箱取出後留在烤模內冷卻。這時，把烤箱溫度調低成攝氏150度。

3. 製作內餡，用手持電動攪拌器在深碗中把奶油乳酪、酸奶油、砂糖、蛋、香草籽、檸檬皮及鹽，攪拌成滑順的鮮奶油狀。要注意不能把空氣拌進去。

4. 把內餡舀到冷卻的蛋糕底層上。放入烤箱中間層大約烤30-35分鐘。內餡的中心應該還會像果凍那樣微微晃動，冷卻後就會變結實了。

5. 把乳酪蛋糕放在網架上，冷卻至少2小時。之後再把蛋糕蓋好，放入冰箱冷藏，然後來做百香果凍。

6. 製作果凍，把吉利丁片泡入冷水10分鐘。把百香果果泥放入平底深鍋中，用小火加熱，把吉利丁擠乾，溶入溫熱的果泥中（不要加熱過度）。小心把果凍倒在冷卻的乳酪蛋糕上。蓋好蛋糕，放入冰箱再冷藏2小時讓果凍凝固。一直冷藏到要食用時才取出。用白巧克力片或烘烤過的椰子粉（如果有用到的話）來裝飾乳酪蛋糕的外圍。

小訣竅：新鮮的百香果

你可以用新鮮的百香果，連同籽一起來做果凍。視百香果的大小而定，可能需要5-7顆來製作200g的果凍。把百香果對半切，用湯匙挖出果肉來。放在平底深鍋中，加入20g的細砂糖，用5-10分鐘以小火燉煮，直到果肉不再黏在種子上為止。

▼

咖啡乳酪蛋糕

紐約式

製作份量：8人份　　準備時間：20分鐘 + 2小時冷藏 + 2小時冷卻　　烘烤時間：45-50分鐘

底層：150g無鹽奶油（切小塊，室溫，另外多準備一些用來塗抹烤模）• 150g黃砂糖（二砂）
• 1小撮鹽 • 1/2條香草莢份量的香草籽 • 300g中筋麵粉 • 1湯匙即溶咖啡粉 • 1個蛋黃
焦糖醬：250g細砂糖 • 200g重乳脂鮮奶油 • 25g無鹽奶油
內餡：450g全脂奶油乳酪 • 120g酸奶油 • 120g細砂糖 • 3個蛋 • 1條香草莢份量的香草籽
• ½個無臘檸檬皮（磨成細屑）• 1小撮鹽
咖啡凍及裝飾：3張吉利丁片 • 200ml現煮濃咖啡 • 100g重乳脂鮮奶油，用來裝飾
• 1茶匙糖粉 • 巧克力豆，用來裝飾（非必要）
用具：22cm活動蛋糕烤模

1. 烤箱預熱到攝氏190度。在烤模底部抹上奶油，並鋪好烘焙油紙。

2. 製作乳酪蛋糕底層，把奶油、砂糖、鹽、香草籽、麵粉與即溶咖啡粉倒入碗中混合，用手指把所有食材揉捏成粗的碎塊。把其中1/3均勻地鋪在烤盤上。剩下的再倒入烤模中、壓緊實，確定所有的地方都有覆蓋到。

3. 把蛋糕底層放進預熱好的烤箱中間層，大約烤10分鐘，直到烤出金黃色澤為止。取出，刷上蛋黃，再烤5分鐘。從烤箱取出後留在烤模內冷卻。以類似的方式，把烤盤上的奶酥送進烤箱烤10分鐘，烤出金黃色澤後取出烤箱、留在烤盤上冷卻。把烤箱溫度調低成150度。

4. 製作焦糖醬，把細砂糖放在平底深鍋中用中火焦糖化。倒入重乳脂鮮奶油，用小火慢燉，偶爾攪拌一下，直到焦糖塊都溶解為止。最後，用手持電動攪拌器拌入奶油。均勻地倒在蛋糕底層上，留一點備用，之後用來裝飾。靜置冷卻。

5. 製作內餡，用手持電動攪拌器把奶油乳酪、酸奶油、砂糖、蛋、香草籽、檸檬皮與鹽混合。小心不要把空氣拌進去。

6. 把內餡舀到焦糖醬上。放入烤箱中間層，大約烤30-35分鐘。內餡的中心應該會像果凍那樣微微晃動，冷卻後就會凝固。從烤箱取出後，放在網架上於室溫中冷卻至少2小時。

7. 製作咖啡凍，把吉利丁片泡入冷水10分鐘。把咖啡放入平底深鍋中，用小火加熱，把吉利丁擠乾，溶入溫熱的咖啡中（不要加熱過度）。小心地把咖啡凍倒入冷卻成室溫的乳酪蛋糕上。蓋好，放入冰箱再冷藏2小時讓果凍凝固。把鮮奶油打發到質地堅挺，再把糖粉篩撒進去。把鮮奶油抹在乳酪蛋糕的外圍。要上桌時，先撒上烤過的奶酥、滴一些焦糖醬，再用巧克力豆裝飾（如果有用到的話）。

小訣竅：用中空圈模專業烘焙

你也可以使用中空圈模製作乳酪蛋糕及塔的底層，而不使用活動蛋糕烤模。這種器材有各種不同尺寸，或者也可以買直徑可調整的圈模。在烘烤前，先用烘焙油紙包住圈模，邊緣也要包覆到。然後再用鋁箔紙照樣包一次。把包好的圈模放在烤盤上，然後依食譜的指示操作。

▼

德式乳酪蛋糕

經典款

塔皮：180g無鹽奶油，切小塊，另外多準備一些用來塗抹烤模 • 115g糖粉 • 1個小的蛋，加1個蛋黃 • 1茶匙香草粉 • ½ 條香草莢份量的香草籽 • 1小撮鹽 • 300g中筋麵粉，另外多準備一些用來篩撒烤模 • 35g杏仁粉

乳酪蛋糕及裝飾：100g無鹽奶油 • 1kg低脂夸克起士 • 190g細砂糖 • 80g中筋麵粉 • 1個無臘檸檬皮（磨成細屑） • 1條香草莢份量的香草籽 • 1小撮鹽 • 5個蛋 • 190g酪乳 • 4湯匙杏桃果醬 • 50g杏仁片 • 糖粉，用來篩撒

用具：26cm活動蛋糕烤模 • 烘焙重石、乾豆或生米

製作份量：12人份　　準備時間：45分鐘 + 2小時冷藏 + 冷卻　　烘烤時間：80-90分鐘

1. 製作塔皮，把奶油、糖粉、1個蛋、香草粉、香草籽放入攪拌器的碗中，要先裝上麵團勾，揉合這些材料。加入麵粉及杏仁粉，迅速地揉出滑順的質地。把麵團整成圓球狀，壓平，用保鮮膜蓋好，放入冰箱最少冷藏2小時。

2. 烤箱預熱到攝氏190度。在蛋糕烤模內抹一點奶油，撒上一點麵粉，再把多餘的輕敲抖掉。在撒有麵粉工作臺面上，或是在兩張保鮮膜之間，把麵團擀成5mm厚。把麵團鋪在蛋糕模的底部，以及蛋糕模內壁，當作塔皮，內壁的高度約5cm。修整成一樣的高度，再用叉子在塔皮底部到處戳幾下。

3. 在塔皮上鋪好烘焙油紙，填滿烘焙重石壓著。放進預熱好的烤箱中間層，空烤塔皮約15分鐘。把烘焙重石及烘焙油紙移除。為塔皮刷上蛋黃，再烤5分鐘，直到蛋黃烤乾、封住塔皮。

4. 這時，準備混合食材，製作乳酪蛋糕。用平底鍋把奶油以小火加熱融化。在深碗中放入夸克起士、砂糖、麵粉、檸檬皮、香草籽及鹽，用手持電動打蛋器把食材全部拌勻。分次慢慢地加入雞蛋與酪乳，過程中要不斷攪拌。拌入融化的奶油。

5. 從烤箱中取出塔皮，倒入步驟4的乳酪蛋糕混合物。再放入烤箱，烤60-70分鐘，讓蛋糕留在烤模內冷卻。蓋好蛋糕，放入冰箱冷藏，要食用時再取出。把杏桃果醬稍微煮沸、過篩，沿著蛋糕壁一整圈，刷上薄薄一層果醬，再小心地把杏仁片壓上去。最後在蛋糕上篩撒糖粉。

▼

乳酪蛋糕馬芬

加雙重巧克力

馬芬：20g無鹽奶油，另外多準備一些用來塗抹烤模 • 50g黑巧克力（75%可可固形物，參閱右邊的小竅訣）• 125g中筋麵粉 • 2茶匙泡打粉 • 25g可可粉 • 90g細砂糖 • 1茶匙香草粉 • 125ml牛奶 • 1個大的蛋 • 100g巧克力醬，搭配食用（參閱145頁）• 糖粉，用來篩撒

乳酪蛋糕混合物：250g全脂奶油乳酪 • 30g細砂糖 • 1個蛋

巧克力奶酥：100g中筋麵粉 • 20g可可粉 • 40g 細砂糖 • 60g無鹽奶油，切小塊，室溫

用具：12連馬芬烤模 • 12個馬芬襯紙（非必要）

製作份量：12個　　準備時間：30分鐘 + 冷卻　　烘烤時間：30分鐘

1. 烤箱預熱到攝氏190度。為馬芬烤模抹上奶油，或放上馬芬襯紙。

2. 製作馬芬，把奶油放在平底深鍋中，以小火加熱融化。切碎黑巧克力，放入一個耐熱的碗中，以小火隔水加熱融化（碗不直接接觸水面）。把麵粉、泡打粉、可可粉、糖及香草粉放入碗中混合。

3. 把融化的奶油、牛奶及蛋放入碗中，用球型打蛋器攪拌到質地滑順，再倒入麵粉混合物中，攪拌到所有的食材剛好均勻混合即可。把麵糊均分舀進馬芬烤模或馬芬襯紙中。

4. 製作乳酪蛋糕鮮奶油，把奶油乳酪、砂糖及蛋在碗中攪拌出滑順質地，再均分到每一個馬芬上。

5. 製作巧克力奶酥，用手指把所有材料在碗中搓合。平均撒在每一個馬芬上。

6. 放進預熱好的烤箱中間層，大約烤30分鐘。從烤箱取出後留在烤模內冷卻。蛋糕脫模後，再用巧克力醬及糖粉裝飾。

小訣竅：避免可可粉結塊

把可可粉與少量的液態食材先混合，再拌入其他的材料中。用抹茶粉烘焙的時候，也是用同樣的方法。

小訣竅：用對的巧克力

做這種馬芬最好是選用濃郁、微苦、高可可固形物的巧克力（選擇來自單一產地、具有特色的可可豆為佳），要含有75%可可固形物。強勁而獨具風格的巧克力，可以與馬芬的甜味互相平衡。

小訣竅：糖霜甜甜圈

如果想要做成糖霜甜甜圈，只要把200g的糖粉加上1-2湯匙的檸檬汁或覆盆子汁，調成可塗抹的濃度即可。把糖汁塗滿整個甜甜圈再靜置凝固。

▼

甜甜圈

果醬夾心

麵團：400g中筋麵粉，另外多準備一些，用來篩撒 • 200ml牛奶，多準備一點備用 • 15g新鮮酵母 • 40g細砂糖 • ¼茶匙鹽 • 1個蛋，加1個蛋黃 • 45g室溫無鹽奶油

油炸及內餡：約2公升的無味蔬菜油 • 約150g覆盆子醬，或其他你喜歡的口味 • 糖粉，用來沾裹表面（非必要）

用具：廚房用溫度計（非必要） • 擠花袋和填充用擠花嘴，或中型圓花嘴

製作份量：12個　　準備時間：30分鐘 + 80分鐘發酵 + 40分鐘油炸

1. 把麵粉放入大碗內，中間挖一個洞。把牛奶加熱到微溫，加入新鮮酵母碎塊以及糖，攪拌溶解。把牛奶及酵母溶液倒入麵粉的洞中，和麵粉拌揉成麵團。用一條乾淨的茶巾蓋上，讓麵團在室溫下發酵約20分鐘。

2. 把麵團和鹽、雞蛋和蛋黃一起揉，直到質地光滑有彈性為止，慢慢地一邊揉，一邊加入奶油。如果需要的話，加入一點點麵粉和牛奶，調整麵團質地。蓋上麵團，讓它在室溫中發酵約30分鐘，直到麵團體積明顯變大許多為止。

3. 在烤盤上篩撒一些麵粉。把麵團再揉幾下，然後分成12塊。把他們整成球狀，放在烤盤上，取間隔距離2cm，蓋好，靜置在室溫下發酵約20-30分鐘，直到麵團體積明顯變大許多為止。

4. 把油倒入深鍋中，加熱到攝氏160-170度，如果可能的話，用廚房溫度計監測油溫，或是把一個木湯匙放入油中，如果油溫夠高，就會看到木匙上有細小的泡泡升起。把甜甜圈分批放入，慢慢油炸，每面約6分鐘，用漏杓翻面，炸出金黃色澤。當炸第一面的時候，把鍋蓋蓋上，翻到第二面炸的時候，才取下鍋蓋。用漏杓把甜甜圈取出，放在廚房紙巾上吸乾，再放到網架上冷卻。

5. 填充甜甜圈，把果醬攪拌出滑順質地，放入裝有填充用擠花嘴或中型圓花嘴的擠花袋中。把果醬擠進甜甜圈裡。把甜甜圈在糖粉上滾一滾（如果有用到的話）。

▼

可頌甜甜圈

夾黑莓

麵團及油炸：500g中筋麵粉，另外多準備一些用來篩撒 • ½茶匙鹽 • 200ml牛奶 • 70g細砂糖 • 30g新鮮酵母 • 1個蛋 • 30g室溫無鹽奶油 • 2公升的無味蔬菜油，油炸用 • 糖粉，用來篩撒

奶油麵團：400g無鹽奶油 • 120g中筋麵粉

內餡：200ml黑醋栗果汁，多準備一些，依口味酌量添加 • 100ml酸櫻桃汁（參閱218頁） • 100ml蔓越莓汁 • 7g洋菜粉 • 各40g的覆盆子、草莓、黑莓果泥（10%糖，參閱219頁），或單一種類的果泥 • 1湯匙黑醋栗香甜酒 • 萊姆汁，依個人口味酌量 • 200g新鮮莓果

用具：8cm 圓形甜甜圈切模；或4cm和8cm的圓形餅乾切模 • 廚房用溫度計（非必要） • 擠花袋和填充用擠花嘴，或中型圓花嘴

製作份量：10個　　準備時間：70分鐘 + 3小時靜置 + 40分鐘油炸 + 冷卻

1. 製作可頌甜甜圈，準備酵母麵團及奶油麵團，（參閱217頁），靜置發酵，或放在陰涼處。

2. 這時準備莓果內餡。把黑醋栗果汁、櫻桃汁及蔓越莓汁倒入平底深鍋中，加入洋菜粉，煮到沸騰，讓它持續沸騰2分鐘（精確的烹煮時間請參考包裝指示）。靜置冷卻後，倒入碗中放進冰箱凝固。用手持電動攪拌器把果凍、覆盆子、草莓、黑莓果泥，以及黑醋栗香甜酒在深杯或深碗中打成滑順質地，要到可用來擠花的程度。如果太硬的話，加入多一點的果汁。依照個人口味加入萊姆汁和黑醋栗汁，蓋好後放入冰箱冷藏。

3. 繼續完成酵母麵團及奶油麵團（參閱217頁）接下來的製作步驟。把麵團擀平，再摺麵團（單摺及雙摺，同樣參閱217頁），放在陰涼的地方。把麵團擀成3-4mm厚，用切模切成圈狀。把麵團翻面，蓋好後放入冰箱10分鐘。

4. 這時，把油倒入深鍋中，加熱到攝氏180度，讓溫度保持穩定。用溫度計測量，或是把木湯匙放入油中，如果油溫夠高，就會看到木匙上有細小的泡泡升起。小心地分批油炸麵團圈，每一面在熱油中炸4分鐘，炸出金黃色澤，再用漏杓翻面。用漏杓把甜甜圈取出，滴乾甜甜圈，放在廚房紙巾上把油吸乾。

5. 最後，用裝有填充用擠花嘴的擠花袋，把莓果內餡注入可頌甜甜圈中。再搭配新鮮莓果上桌，最後在上面篩撒糖粉食用。或是將可頌甜甜圈橫切成3份，用裝有中型圓花嘴的擠花袋，把莓果內餡擠在最底層和中間層，放上莓果，把3層拼裝起來。篩撒上糖粉。

小訣竅：糖霜可頌甜甜圈

如果你想要的話，可以為填好內餡的可頌甜甜圈塗上膠汁或糖霜（參閱219頁），再用一些新鮮莓果裝飾。

小訣竅：給趕時間的人

如果你在趕時間，可以不用等到馬斯卡彭鮮奶油在碗裡凝固才用它。當你一混合好，就直接抹到蛋糕上，就讓奶油在上面凝固。這樣口感會比較輕盈，比較沒那麼濃郁。

▼

胡蘿蔔蛋糕

加馬斯卡彭鮮奶油

蛋糕本體：4條胡蘿蔔，總共約500g • 440g中筋麵粉 • 1½茶匙泡打粉 • 1茶匙小蘇打 • 1茶匙肉桂粉 • 1小撮現磨肉荳蔻粉 • 300g細砂糖 • 4個蛋 • 1個柳橙皮（磨成細屑） • 1小撮鹽 • 300ml無味蔬菜油 • 40g核桃，切碎，另外多準備一些用來裝飾

馬斯卡彭鮮奶油及裝飾：3張吉利丁片 • 250g重乳脂鮮奶油 • 3½湯匙杏仁糖漿（例如Monin［法國糖漿品牌］） • 500g馬斯卡彭乳酪 • 50g細砂糖 • 用杏仁膏做的裝飾用胡蘿蔔（非必要） • 柳橙皮（磨成細屑），裝飾用 • 焦糖醬（參閱43頁） • 糖粉，用來篩撒

用具：30×20cm矩形框模

製作份量：15人份　準備時間：30分鐘 + 4小時冷藏 + 冷卻　烘烤時間：25-30分鐘

1. 把烤箱預熱到攝氏180度，再把矩形框模放在鋪好烘焙油紙的烤盤上。胡蘿蔔削皮後刨成細絲來做蛋糕。把麵粉、泡打粉、小蘇打、肉桂粉及肉荳蔻粉混合。

2. 用手持電動打蛋器以中速把糖與蛋、柳橙皮及鹽在碗裡打3分鐘。一邊打一邊以細流慢慢地加入油，再把胡蘿蔔絲、麵粉混合物及核桃也切拌進去。把麵糊舀進矩形框模中，然後表面整平。放進預熱好的烤箱中間層，大約烤25-30分鐘。從烤箱取出後留在烤盤上冷卻，再移除框模。

3. 這時，把吉利丁片泡入冷水10分鐘，來做馬斯卡彭鮮奶油。用手持電動打蛋器，以中速把重乳脂鮮奶油在碗裡打發到剛好成形。把杏仁糖漿倒入平底鍋加熱，把吉利丁片擠乾，放入微溫的杏仁糖漿中溶解。把馬斯卡彭乳酪和糖放入碗裡拌勻。先把2湯匙的馬斯卡彭乳酪混合物拌入糖漿混合物，再快速把這些和剩餘的馬斯卡彭乳酪混合物拌在一起。最後小心地把打發的鮮奶油也切拌進去。把目前這所有的混合物換裝到另外一個碗中，蓋好後放入冰箱2小時，讓它凝固。

4. 用打蛋器把馬斯卡彭鮮奶油攪拌一下。把胡蘿蔔海綿蛋糕橫切成3份，在底層塗上奶油。放上第二層再塗上奶油。放上第三層，塗上奶油後，把蛋糕放入冰箱冷藏2小時。用杏仁糖做的胡蘿蔔（如果有用到的話）、柳橙皮、焦糖醬及糖粉裝飾頂部。

▼

自製棉花糖

巧克力口味

棉花糖：可可粉，用來篩撒 • 8張吉利丁片 • 170g葡萄糖漿
• 125g黑巧克力（70%可可固形物） • 225g細砂糖 • 75ml氣泡礦泉水
用具：40×15cm長方形模具（例如長方形烤模） • 製糖溫度計或廚房用溫度計

製作份量：約65個　　準備時間：30分鐘 + 12小時冷藏

1. 用水沾溼烤模，鋪上保鮮膜。用小的細篩讓可可粉過篩，篩撒在整個烤模內。

2. 把吉利丁片泡入冷水10分鐘。把140g的葡萄糖漿放入裝有打蛋器的食物調理機碗中。把巧克力切碎，放入一個耐熱的碗中，以小火隔水加熱融化（碗不直接接觸水面）。

3. 把糖和剩下的葡萄糖漿放入平底深鍋中，加入氣泡礦泉水，加熱到攝氏110度，要不斷攪拌，並且用溫度計監控溫度。把食物調理機開到中速，然後以細流慢慢地倒入煮熱的糖漿。

4. 把吉利丁片擠乾，加入攪拌中的食物調理機內。不斷以中高速攪拌，直到碗的溫度降到可以用手觸摸（約攝氏40度）。

5. 把食物調理機轉到中速，慢慢倒入融化巧克力到混合物中。把食物調理機關掉，用刮刀把所有的渣渣拌入，再把食物調理機開到中速，很快攪拌一下。

6. 把棉花糖混合物放到烤模中，再篩撒上可可粉，用保鮮膜包緊隔絕空氣，然後放入冰箱冷藏約12小時，讓它凝固。切成3-4cm的大立方體，再篩撒上可可粉。

▼

草莓棉花糖

帶檸檬清香

棉花糖：葡萄糖粉，用來篩撒（參閱218頁）• 7張吉利丁片 • 1個無臘檸檬
• 225g細砂糖 • 170g珍珠糖（轉化糖，參閱218頁）• 125g可可脂 • 50g草莓果泥（10%糖，參閱219頁）
用具：30×20cm長方形模具（例如長方形烤模）• 製糖溫度計或廚房用溫度計（參閱小訣竅）

製作份量：約50個　　準備時間：30分鐘 + 5小時冷藏

1. 用水沾溼烤模，再鋪上保鮮膜。用小的細篩讓葡萄糖粉過篩，篩撒在整個烤模內。

2. 把吉利丁片泡入冷水10分鐘。用熱水洗淨檸檬後擦乾。把檸檬皮磨成細屑，擠出檸檬汁。

3. 把糖和2茶匙的檸檬汁、2湯匙的水及70g珍珠糖放入平底深鍋中，用中火加熱到攝氏110度，過程中要不斷攪拌，並且用溫度計監控溫度。

4. 把剩下的珍珠糖和糖漿以及檸檬皮放入一個大的金屬碗中混合。把吉利丁片擠乾，也拌進去。攪打這些食材，直到混合物變得微溫，然後加入可可脂及草莓果泥。繼續攪打到混合物的溫度約為35-40度為止，然後放入烤模中。

5. 在棉花糖混合物上篩撒葡萄糖粉，用保鮮膜包緊，隔絕空氣，然後放入冰箱冷藏約12小時，讓它凝固。切成3-4cm的大立方體，如果你想要的話，可再篩撒上葡萄糖粉。

小訣竅：要製作成功的棉花糖，沒有溫度計是不行的

要做出質地完美的棉花糖，就一定要有一把可耐高溫、而且可精確測量溫度的溫度計。最好是用特製的製糖溫度計，但若是有準確的廚房用數位溫度計（最高溫可測量到攝氏200度），也是可以的。

▼

花生醬布朗尼

搭配焦糖醬

布朗尼：150g無鹽花生 • 2湯匙糖粉 • 400g黑巧克力 • 300g無鹽奶油 • 12個雞蛋 • 45g細砂糖 • 400g黃砂糖（二砂） • 3½湯匙榛果油，或無味蔬菜油 • 150g中筋麵粉 • 60g可可粉 • 300g花生醬，裝飾用 • 巧克力刨花薄片

焦糖醬：300g細砂糖 • 300g重乳脂鮮奶油 • 30g無鹽奶油

用具：40×30cm深烤盤 • 擠花袋和中型圓花嘴（非必要）

製作份量：20個　　準備時間：30分鐘 + 冷卻　　烘烤時間：25-30分鐘

1. 烤箱預熱到攝氏200度，在烤盤上鋪烘焙油紙。把花生分散鋪在另外一個烤盤上，篩撒上糖粉，放進預熱好的烤箱中間層，大約烤5-10分鐘，讓它焦糖化。靜置冷卻，然後大致切碎。預留50g切碎的花生晚一點裝飾用。把巧克力切碎，放入一個耐熱的碗中，以小火隔水加熱融化（碗不直接接觸水面），巧克力在融化時，偶爾要攪拌一下。

2. 用手持電動打蛋器把蛋與糖及黃砂糖在碗中打到濃稠綿密。把榛果油拌入融化的巧克力後，再慢慢分次打入蛋與糖的混合物中。讓麵粉和可可粉一起過篩，之後也切拌進融化巧克力與蛋的混合物中。最後把焦糖花生切拌進去。

3. 把麵糊均勻地舀入烤盤中，然後放進預熱好的烤箱中間層，大約烤20分鐘，直到表面形成一層脆脆的焦糖為止。從烤箱取出布朗尼後，留在烤盤內靜置冷卻，再切成同樣大小的 20塊。

4. 製作焦糖醬，把細砂糖倒入平底深鍋中，用中火焦糖化。倒入重乳脂鮮奶油，用中小火慢慢加熱燉煮，讓焦糖全都溶解。最後，用手持電動攪拌器拌入奶油，做出滑順的佐醬。蓋好後放入冰箱冷藏備用。

5. 裝飾蛋糕，如果你想要的話，可以把花生醬放入裝有圓形花嘴的擠花袋，然後擠到布朗尼上裝飾。淋一點焦糖醬在花生醬上，再撒上一些巧克力刨花薄片，以及預留的焦糖花生。

▼

精緻瑪德蓮

法式經典

蛋糕本體：65g中筋麵粉 • 1茶匙泡打粉 • 1小撮鹽 • 75g無鹽奶油
• 2個蛋，加1個蛋黃 • 75g細砂糖 • ½條香草莢份量的香草籽
用具：1-2個20連矽膠製瑪德蓮烤盤（每個瑪德蓮孔3×4cm）• 擠花袋和中型圓花嘴

製作份量：40個　準備時間：20分鐘 + 12小時發酵 + 冷卻　烘烤時間：15分鐘

1. 把麵粉、泡打粉及鹽混合。把奶油放入平底深鍋中，用小火加熱融化。用手持電動打蛋器把蛋與蛋黃、糖及香草籽在碗中打出輕盈滑順的質地。

2. 把麵粉混合物切拌進雞蛋混合物中，剛好攪拌到質地滑順即可。慢慢地拌入融化的奶油，再攪拌到所有東西的質地都變滑順。覆蓋好，放入冰箱靜置冷藏12小時。

3. 烤箱預熱到攝氏210度。把麵糊放入裝有圓形花嘴的擠花袋內，再擠到瑪德蓮烤模中，每個擠到2/3滿。如果你只有一個矽膠烤盤，把剩下一半的麵糊放進冰箱中，分兩批來烤瑪德蓮。

4. 把瑪德蓮放進預熱好的烤箱中間層，大約烤2-3分鐘，直到邊緣開始微微升起。把烤箱關掉，但是不要打開烤箱門。2、3分鐘後，瑪德蓮的中心會凸起，出現像圓頂的形狀。把烤箱電源再次打開，溫度調降到攝氏190度，再烤10分鐘，直到烤出金黃色澤為止。脫模後，放在網架上冷卻。

小訣竅：檸檬瑪德蓮

要做出味道清新、富有果香味的瑪德蓮，要用熱水洗淨檸檬後擦乾。把皮磨成細屑，放入瑪德蓮麵糊中。再依照上面的食譜烘烤瑪德蓮。

▼

費南雪

佐香草奶凍

製作香草奶凍：125ml牛奶 • 125g重乳脂鮮奶油 • ½條香草莢份量的香草籽 • 40g細砂糖 • 3個蛋黃 • 10g香草奶凍粉

蛋糕本體：150g無鹽奶油 • 100g中筋麵粉 • 1茶匙泡打粉 • 250g細砂糖 • 100g杏仁粉 • 1小撮鹽 • 250g蛋白（約7個蛋） • 新鮮水果，裝飾用（例如覆盆子或黑莓） • 糖粉，用來篩撒

用具：擠花袋和中型圓花嘴 • 12連矽膠製迷你長條蛋糕烤盤（每個蛋糕孔8×3cm）

製作份量：12個 準備時間：30分鐘 + 1小時冷藏 + 冷卻　烘烤時間：25分鐘

1. 製作香草奶凍，把牛奶連同重乳脂鮮奶油、香草籽、細砂糖放入平底深鍋中煮沸。這時，用球型打蛋器把蛋黃及香草奶凍粉混合。把牛奶混合物慢慢地一邊攪拌、一邊倒入蛋黃及香草奶凍粉混合物中。把全部倒回平底深鍋中，多加熱1分鐘，稍微煮沸、讓質地變濃稠，過程中要不斷攪拌。離火後繼續攪拌，以免蛋黃在煮熟的混合物中凝固。用細篩篩過之後，蓋好，在室溫下靜置放涼。再用保鮮膜直接覆蓋在表面，以免結成一層膜，然後放入冰箱冷藏約1小時。

2. 製作費南雪，烤箱預熱到攝氏190度。把奶油放入平底深鍋中，用中火加熱融化。把麵粉、泡打粉、砂糖、杏仁粉及鹽放入碗中。先用手持電動打蛋器把奶油拌入，接著再拌入蛋白。

3. 把麵糊放入裝有圓形花嘴的擠花袋內。擠到烤模中，每格擠到2/3滿。把費南雪放進預熱好的烤箱中間層，大約烤12分鐘。這時候，把冷卻的香草奶凍1/3的量放入一個乾淨、裝有圓形花嘴的擠花袋內。把烤盤取出烤箱後，在每一個費南雪上擠3小球香草奶凍，讓它有小小的凸起。

4. 把費南雪再烤12分鐘，直到烤出金黃色澤，即完成烘烤。從烤箱取出後，讓蛋糕留在烤模內冷卻。脫模後用剩下的香草奶凍及水果（如果有用的話）裝飾，再篩撒上糖粉。

小訣竅：靈活變化

偶爾可以加入柑橘類果皮，做一些變化版費南雪：試試看柳橙、萊姆或檸檬。如果再加入一點這些柑橘水果的果汁，成品會變得格外清爽。可以在柑橘口味的費南雪中加上巧克力奶凍，而不用香草奶凍，或直接把幾片巧克力塞進烤到一半的麵糊中。

▼

閃電泡芙

加草莓與馬斯卡彭鮮奶油

泡芙麵團：125ml牛奶 • 1小撮鹽 • 1湯匙細砂糖 • 120g無鹽奶油 • 150g中筋麵粉 • 4個蛋
馬斯卡彭鮮奶油及裝飾：3張吉利丁片 • 250g重乳脂鮮奶油 • 500g馬斯卡彭乳酪 • 50g細砂糖
• 50g杏仁糖漿（例如 Monin〔法國糖漿品牌〕） • 500g草莓 • 糖粉，用來篩撒
用具：擠花袋和大的圓形花嘴

製作份量：20個　　準備時間：30分鐘 + 1小時冷藏 + 冷卻　　烘烤時間：40分鐘

法文的éclair，我們翻譯成「閃電」的意思，
可能是因為這整個東西會被以閃電般的速度吞掉……

1. 烤箱預熱到攝氏180度，在烤盤上鋪烘焙油紙。

2. 製作泡芙麵團，把牛奶倒入平底深鍋中，加入125ml的水、鹽、糖及奶油，煮沸。把平底深鍋從火源移開，一口氣倒入麵粉，攪拌均勻。再放回火爐上加熱約1分鐘，讓麵團變乾：加熱的時候要一邊攪拌，直到麵團結成球狀、且鍋子底部形成了一層白色殘留物為止。

3. 把麵團放入一個碗中，用叉子把蛋打散，然後分次加入還是溫熱的麵團中。用手持電動打蛋器的低速，把麵糊打出滑順有光澤的質地。

4. 把麵糊放入裝有圓形花嘴的擠花袋內，然後在烤盤上擠出長10cm、寬2cm的長條。放入烤箱中間層，大約烤40分鐘，直到整個烤出金黃色澤為止。不要太快打開烤箱門，也不要立刻把泡芙拿出來，因為麵團可能會塌陷。放在網架上冷卻。

5. 製作馬斯卡彭鮮奶油，把吉利丁片泡入冷水10分鐘。同時，用手持電動打蛋器以中速將重乳脂鮮奶油在碗裡打發，打到剛好成型即可。把馬斯卡彭乳酪和糖在碗裡拌勻。把杏仁糖漿倒入平底深鍋中稍微加熱，把吉利丁片擠乾，放入微溫的杏仁糖漿中溶解。先把2湯匙的馬斯卡彭乳酪混合物拌入杏仁糖漿混合物中，再快速把這些混合物切拌進剩餘的馬斯卡彭混合物中，小心不要讓吉利丁結塊。最後，小心地把打發鮮奶油也切拌進去。蓋好後放入冰箱冷藏1小時，讓它變硬。

6. 這時，依照草莓的大小，對半切或是切成四分之一。要食用時，將閃電泡芙對半橫切。用球型打蛋器把馬斯卡彭鮮奶油打到滑順，放入裝有圓形花嘴的擠花袋內，擠一些圓點狀鮮奶油在閃電泡芙的下半邊上。在奶油之間放一些草莓。把上半邊的泡芙蓋上，再篩撒上糖粉。

▼

閃電泡芙

加巧克力柳橙鮮奶油

製作份量：20個　準備時間：30分鐘 + 24小時冷藏 + 冷卻　烘烤時間：40分鐘

巧克力鮮奶油及裝飾：180g黑巧克力（60%可可固形物），外加200g做裝飾 • 30g無鹽奶油 • 2½個柳橙的果汁 • 200g重乳脂鮮奶油 • 1個柳橙皮（刨成細絲，另外多準備一些用來裝飾） • 20g葡萄糖漿 • 柳橙果肉片，裝飾用

泡芙麵團：125ml牛奶 • 1小撮鹽 • 1湯匙細砂糖 • 120g無鹽奶油 • 150g中筋麵粉 • 4個蛋

用具：擠花袋和大圓形花嘴 • 擠花袋和小圓形花嘴

1. 提前一天先把180g的巧克力切碎，製作巧克力柳橙鮮奶油。把奶油倒入一個耐熱的碗中，以小火隔水加熱融化（碗不接觸水面）。把碗從熱水上方移開，放入巧克力，攪拌到融化。

2. 把柳橙汁倒入平底深鍋中，和175g的鮮奶油、柳橙皮及葡萄糖漿一起煮沸。把柳橙汁混合物倒入巧克力混合物，靜置2分鐘。用手持電動攪拌器或刮勺拌勻，小心不要拌入空氣。再分次慢慢拌入剩餘的鮮奶油。蓋好，放入冰箱冷藏至少24小時。

3. 第二天，準備製作時，烤箱預熱到攝氏180度，在烤盤上鋪烘焙油紙。

4. 製作泡芙麵團，把牛奶放入平底深鍋中，加入125ml的水、鹽、糖及奶油，煮沸。把平底深鍋從火源移開，一口氣倒入麵粉，攪拌均勻。再放回火爐上加熱約1分鐘，讓麵團變乾：加熱的時候要一邊攪拌，直到麵團結成球狀，且鍋子的底部形成一層白色殘留物為止。

5. 把麵團移到碗中，用叉子把蛋打散，然後分次加入還是溫熱的麵團中，用手持電動打蛋器的低速，把麵糊打出滑順有光澤的質地。

6. 把麵糊放入裝有圓形花嘴的擠花袋內，在烤盤上擠出長10cm、寬2cm的長條。放入烤箱中間層，大約烤40分鐘，直到整個都烤出金黃色澤為止。不要太快打開烤箱門，也不要立刻把泡芙拿出來，麵團可能會塌陷。放在網架上冷卻。

7. 把閃電泡芙橫切對半。把剩下200g黑巧克力切碎，放入一個耐熱的碗中，以小火隔水加熱融化（碗不接觸水面）。淋在上半邊的閃電泡芙上，用巧克力將泡芙包覆住，靜置凝固。

8. 要食用時，用手持電動打蛋器以中速把巧克力柳橙鮮奶油稍微打一下，讓質地扎實滑順。放入裝有圓形花嘴的擠花袋內，擠一些圓點在閃電泡芙的下半邊上。在鮮奶油之間放一些柳橙果肉片。用上半邊的泡芙蓋上去，再用橙皮（如果有用到的話）做裝飾。

小訣竅：用白巧克力寫字

在烘焙材料專賣店，可以找到一管一管裝飾用的白巧克力。如果你想要的話，可以用這種白巧克力在閃電泡芙上的黑上巧克力寫字，當作額外裝飾。

▼

蘭姆巴巴

多汁又美味

麵團：400g中筋麵粉 • 130g室溫無鹽奶油 • 25g蜂蜜 • 15g新鮮酵母 • ½茶匙的鹽 • 10個蛋

糖漿：250g細砂糖 • 1條香草莢份量的香草籽 • 1個無臘檸檬皮（磨成細屑）

• 120ml深色蘭姆酒，或依照喜好酌量

鮮奶油：400g重乳脂鮮奶油 • 80g細砂糖 • ½條香草莢份量的香草籽

用具：2個8連圓形中空矽膠模（每個直徑 4.5cm）

製作份量：12-16個　準備時間：30分鐘 + 40分鐘發酵 + 冷卻　烘烤時間：25-30分鐘

1. 製作麵團，把麵粉、奶油、蜂蜜、捏碎的新鮮酵母塊以及鹽，放入裝有麵團勾的攪拌機碗中混合。慢慢地分次加入蛋，持續揉麵團，直到揉出滑順質地、且不再沾黏在碗上為止。用一塊乾淨的茶巾蓋上，靜置在室溫下10分鐘。

2. 用麵團把矽膠模填到半滿，蓋好後放在室溫下發酵30分鐘，直到麵團膨脹到烤模的上緣。同時，烤箱預熱到攝氏210度。把巴巴蛋糕放入烤箱中間層，大約烤25-30分鐘，直到烤出金黃色澤為止。

3. 這時，準備製作糖漿。在平底深鍋中加入500ml的水，再加入糖、香草籽及檸檬皮和柳橙皮，煮沸，攪拌到糖溶解。離火後依口味酌量加入萊姆酒。

4. 把網架放在烤盤或大的陶瓷烤盤內。從烤箱內取出矽膠模，一次脫模一個巴巴蛋糕，用漏杓盛裝、浸泡到已不再沸騰的糖漿中，一次浸泡一個巴巴。取出後放在網架上滴乾，靜置冷卻。

5. 要食用時，用手持電動打蛋器以中速把重乳脂鮮奶油、糖和香草籽在碗裡打發，打到剛好成形即可。巴巴蛋糕搭配打發鮮奶油一起上桌。

小訣竅：小小的實驗

小心不要讓巴巴蛋糕在糖漿中浸泡太久，否則很容易糊掉，但可依個人喜好調整浸泡的時間。有人喜歡脆脆的口感；有人喜歡偏軟的巴巴。你也可以用不同的酒來做實驗，例如用莫希多（mojito）取代蘭姆酒，可以創造出夏日風情。

BLANCO

▼

赤爾西捲

堅果內餡

麵團：500g中筋麵粉，另外多準備一些用來篩撒 • 200-250ml牛奶，多準備一點備用 • 45g細砂糖 • 25g新鮮酵母 • 1個蛋 • 100g室溫無鹽奶油，另外多準備一些用來塗抹烤模及塗刷表面

香草卡士達醬：80g細砂糖 • 3個蛋黃 • 1湯匙堆得尖尖的香草奶凍粉 • 330ml牛奶 • ½條香草莢

製作內餡：200g切碎榛果 • 100g榛果粉 • 150g細砂糖 • 1個蛋 • 2湯匙蘭姆酒 • 4湯匙牛奶

用具：28cm中空圈模

製作份量：8-10個　準備時間：30分鐘 + 80分鐘發酵 + 冷卻　烘烤時間：70分鐘

1. 製作酵母麵團，把麵粉放入大碗中間，在麵粉中央挖一個洞。把牛奶加熱到微溫，加入新鮮酵母碎塊及糖，攪拌到溶解。把牛奶及酵母溶液倒入麵粉的洞中，和麵粉攪拌成麵團。用一條乾淨的茶巾蓋上，讓麵團在室溫下靜置發酵約20分鐘。

2. 把雞蛋加入麵團中，把所有東西一起揉5-10分鐘，直到麵團變得光滑有彈性為止。慢慢地一邊揉，一邊加入奶油。如果需要的話，可以加入一點點麵粉和牛奶調整麵團質地。讓麵團在室溫下靜置發酵約30分鐘，直到體積變大兩倍為止。

3. 製作香草卡士達醬，把1湯匙的砂糖、蛋黃及香草奶凍粉倒在碗裡攪拌均勻。把牛奶倒入平底深鍋中，加入香草莢、刮出來的香草籽以及剩下的砂糖，煮到沸騰，過程中要不斷攪拌。取出香草莢，把煮沸的牛奶倒入蛋黃混合物中，整個過程中都要用力攪拌。再把它倒回平底深鍋加熱，很快地再次煮沸一下，過程中要不斷攪拌。最後，立刻倒入一個冷的碗裡。用保鮮膜直接覆蓋在卡士達醬的表面，以免表面結成一層膜，靜置冷卻。

4. 把製作內餡的所有材料攪拌在一起。在烤盤上鋪烘焙油紙。為蛋糕圈模抹上奶油，然後放在烤盤上。把麵團稍微再揉一下，然後再放到撒有薄薄一層麵粉的工作臺上，擀成40×30cm的長方形。塗上香草卡士達醬及堅果內餡，然後從長方形的長邊開始捲，緊緊捲好。切成每塊4-5cm大小。把麵團塊並排在蛋糕圈模中，切面向上。再次靜置麵團，發酵30分鐘。

5. 烤箱預熱到攝氏180度。融化一些奶油來塗刷麵包表面。為麵包刷上奶油後，放進預熱好的烤箱中間層，大約烤70分鐘，直到烤出金黃色澤為止。取出烤箱後，放在網架上冷卻。

▼

皮埃蒙特榛果塔

杏仁膏海綿蛋糕與貝禮詩奶酒甘納許

塔皮：150g無鹽奶油，切碎，另外多準備一些用來塗抹塔模 • 100g糖粉 • 30g榛果粉 • 1個蛋 • 250g中筋麵粉

牛軋糖內餡：400g細砂糖 • 330g榛果牛軋糖 • 35g榛果粉

海綿蛋糕：65g黑巧克力 • 50g無鹽奶油 • 200g高品質的杏仁膏 • 115g細砂糖 • 1個大的蛋；加5個中的蛋黃；加4個中的蛋白 • 70g中筋麵粉

貝禮詩甘納許：80g超濃重乳脂鮮奶油 • 25g葡萄糖漿（參閱219頁） • 10g蜂蜜 • 280g牛奶巧克力，切碎 • 1½湯匙的貝禮詩奶酒

尚提伊鮮奶油及裝飾：200g榛果粉 • 100g超濃重乳脂鮮奶油，或一般的重乳脂鮮奶油 • 25g細砂糖 • ½條香草莢份量的香草籽 • 100g焦糖堅果（非必要，參閱43頁）

用具：3個26cm活動蛋糕烤模 • 烘焙重石、乾豆或生米 • 製糖溫度計

製作份量：12人份　準備時間：40分鐘 + 5½小時冷藏 + 冷卻　烘烤時間：35-40分鐘

1. 製作塔皮，把奶油、糖粉用手或用裝有麵團勾的攪拌器拌揉。再揉入榛果粉。然後再拌入雞蛋。讓麵粉過篩後，迅速把所有食材一起揉出滑順的質地。把麵團整成一個圓球，壓平，用保鮮膜包好，放入冰箱冷藏至少2小時。

2. 烤箱的風扇打開，預熱到攝氏180度，之後在活動烤模內塗奶油。把麵團厚度擀到5mm，面積相當於烤模底部。在麵團上鋪烘焙油紙，再放上烘焙重石，空烤30分鐘。把它留在烤模中。如果有剩下的麵團就冷凍起來。

3. 製作內餡，在烤盤內塗奶油，然後放入烤箱，加熱到攝氏100度。把砂糖放在平底深鍋中，用中火稍微焦糖化。把牛軋糖裝進一個耐熱的碗，以小火隔水加熱到攝氏80度融化（碗不接觸水面）。從烤箱裡取出烤盤，再把糖倒進烤盤，之後再倒入融化的牛軋糖。

4. 用兩把刮勺翻動焦糖與牛軋糖，讓它們交互覆蓋數次。把一半的榛果粉和一半的糖與牛軋糖混合物鋪在塔皮上。在另一個烤模中鋪烘焙油紙，把剩下的榛果粉和糖與牛軋糖混合物倒入烤模中。覆蓋好兩個烤模，放入冰箱30分鐘冷藏凝固。

5. 烤箱預熱到200度。切碎巧克力，開始做海綿蛋糕，把切碎的巧克力放入一個耐熱的碗中，和奶油一起以小火隔水加熱融化（碗不直接接觸水面）。把杏仁膏和50g的砂糖放入碗中，用手持電動打蛋器打出滑順的質地。把雞蛋和蛋黃打散，慢慢地分次拌入杏仁膏混合物，用打蛋器打5分鐘，直到質地徹底變滑順為止。加入巧克力與奶油混合物，再打5分鐘，直到打出濃郁滑順的麵糊為止。

6. 把蛋白打發到尾端可以形成直立的尖角狀。慢慢地一邊打一邊加入砂糖。把打發蛋白切拌進杏仁膏混合物中。麵粉過篩後，也把麵粉切拌進去。準備第3個烤模，在裡面鋪上烘焙油紙，然後倒入麵糊，麵糊厚度約為1cm。把麵糊放進預熱好的烤箱中間層，大約要烤7分鐘。靜置冷卻後，對半橫切，把一半冷凍起來，日後使用。

7. 製作甘納許，把鮮奶油、葡萄糖漿及蜂蜜煮沸。倒在牛奶巧克力上，用手持電動攪拌器混合這些食材，小心不要拌入空氣。最後拌入貝禮詩奶酒。

8. 把巧克力海綿蛋糕放在上面已有牛軋糖內餡的酥皮上方，再把第二個牛軋糖片放上去，之後塗上甘納許。撒上200g榛果粉作裝飾，然後冷凍3小時。

9. 製作尚提伊鮮奶油，把重乳脂鮮奶油、砂糖及香草籽打發。在食用前，小心地讓塔脫模，在塔的邊緣及側邊抹上尚提伊鮮奶油，再放上焦糖堅果（如果有的話）裝飾。

小訣竅：用中空圈模，而不用活動蛋糕烤模

你可以不用活動蛋糕烤模，而使用中空圈模（參閱83頁）製作塔的底層。或是也可以在這種有多道步驟的食譜中，搭配使用這兩種烤模。

▼

翻轉水果塔

蘋果或無花果口味

塔的本體：3個適合做塔的蘋果，總重約450g，或450g 無花果 • 100g無鹽奶油 • 100g細砂糖 • 275g已擀好的千層酥皮

用具：20-22cm，可在烤箱中使用的鑄鐵平底鍋

製作份量：8人份　準備時間：20分鐘 + 冷卻　烘烤時間：30分鐘

1. 把蘋果去皮、切成四瓣、挖掉果核，再切片，厚度約1cm。或是把無花果切成四瓣，縱向切片。

2. 把奶油及糖放在鑄鐵平底鍋中，用中火加熱，稍微焦糖化。把平底鍋從火爐上移開，讓奶油及糖的混合物稍微冷卻。

3. 這時，烤箱預熱到攝氏220度，開啟烤箱的風扇。把蘋果或無花果以扇子狀排列在平底鍋內的焦糖上，要完全覆蓋鍋底。

4. 把千層酥皮切成比平底鍋底直徑大1cm的圓。把酥皮鋪在蘋果或無花果上，沿著水果的邊緣輕輕把酥皮往下壓。放進預熱好的烤箱中間層，大約要烤30分鐘，直到烤出金黃色澤為止，在烤到第10分鐘時，把烤箱的打門開一點縫，讓水蒸氣跑出來。

5. 把平底鍋從烤箱內取出，上面放一個直徑相同的盤子。帶著隔熱手套，動作盡可能快地把平底鍋連同盤子翻轉過來。做這個動作時要注意，須緊緊把盤子壓在鍋子的邊緣，才不會有汁液流出來。把平底鍋從翻轉過來的塔上移開，如果有需要的話，重新整理一下上面的水果。可以趁溫熱或完全冷卻後享用。

小訣竅：用剩下的千層酥皮做裝飾

你可以用剩下的千層酥皮做出效果極佳的裝飾。作法是：把千層酥皮放在烤盤上，在上面塗一點融化的奶油，再撒上一些糖粉。當水果塔烤好時，把烤盤放入烤箱中間層，把酥皮烤出金黃色澤。從烤箱取出後，放在網架上冷卻。用手掰開焦糖化的酥皮來裝飾水果塔。

▼

柳橙蛋糕

加義大利玉米粉

蛋糕本體：60g中筋麵粉 • 160g磨細的義式粗粒玉米粉 • 2茶匙泡打粉 • 1-2個柳橙，外加4個做上層配料，外加柳橙皮（刨成細絲），裝飾用 • 310g室溫無鹽奶油 • 210g細砂糖 • 5個蛋 • 75g原味優格 • 4湯匙杏桃果醬

用具：40×30cm烤盤

製作份量：15人份　準備時間：30分鐘 + 冷卻　烘烤時間：20分鐘

1. 烤箱預熱到攝氏180度，在烤盤上鋪好烘焙油紙。把麵粉、義式粗粒玉米粉及泡打粉混合。用熱水把1-2個柳橙洗淨擦乾，把柳橙皮刨成細屑。對半切柳橙，擠汁，需用到125ml的果汁（參閱右頁的小訣竅）。

2. 用手持電動打蛋器把奶油和砂糖打到乳化。一次拌入一個雞蛋，每一次加入後都要確實打勻，才加入下一個。再用打蛋器的低速打入優格，之後加入橙皮及步驟1中量好的125ml柳橙汁，打勻。最後把麵粉與義式粗粒玉米粉混合物切拌進去。

3. 把麵糊均勻倒入烤盤中整平。靜置10分鐘讓粗磨玉米粉膨脹。放進預熱好的烤箱中間層，大約要烤20分鐘，直到烤出金黃色澤為止。

4. 從烤箱取出後留在烤盤內冷卻。把剩下的柳橙其中一顆的皮，刨成細屑撒在蛋糕上，然後把4個柳橙統統切成果肉片，切除白色帶苦味的部分。把果醬放在平底深鍋中加溫，讓果醬過篩後，把一些柳橙皮屑拌入。用柳橙果肉片裝飾頂部，再雙刷上果醬作為蛋糕的裝飾糖汁，最後撒上剩餘的柳橙皮細絲。

小訣竅：柳橙汁

依照你使用的柳橙汁液含量而定，可能會需要1-2個柳橙，才能擠出這道食譜所需的125ml 柳橙汁。也可以用買來的柳橙汁代替新鮮現搾的。

▼

米蘭式小櫻桃塔

搭配馬斯卡彭鮮奶油

製作份量：6人份　準備時間：1小時 + 1小時冷藏 + 冷卻　烘烤時間：30分鐘

達克瓦茲海綿蛋糕：150g蛋白（約4個蛋）• 1小撮鹽 • 150g細砂糖 • 150g糖粉 • 120g杏仁粉 • 30g中筋麵粉

巧克力奶酥：50g無鹽奶油，切小塊 • 25g中筋麵粉 • 20g可可粉 • 50g黃砂糖（二砂）• 1條香草莢份量的香草籽 • 糖粉，用來篩撒

馬斯卡彭鮮奶油及裝飾：2張吉利丁片 • 170g重乳脂鮮奶油 • 330g馬斯卡彭乳酪 • 30g細砂糖 • 1湯匙杏仁香甜酒

櫻桃裝飾：100g櫻桃果醬 • 100g櫻桃果泥（10%糖，參閱219頁）• 20g細砂糖 • 1湯匙櫻桃汁 • 300g去籽新鮮櫻桃

用具：擠花袋和中型圓花嘴

1. 把烤箱預熱到攝氏160度，在2個烤盤上鋪烘焙油紙。製作海綿蛋糕，用手持電動打蛋器把蛋白及鹽在碗中打發到尾端可以形成直立尖角狀，再一邊打一邊加入砂糖。讓糖粉過篩，與杏仁粉和中筋麵粉混合。小心把這些食材切拌進蛋白中。

2. 把麵糊放入裝有中型圓花嘴的擠花袋內，在烤盤上擠出18個12cm的圓形，每個圓形之間要留一些間隔，從中心開始以螺旋方式向外擠麵糊，直到擠出適當大小。立刻放進預熱好的烤箱中間層，烤20分鐘。從烤箱取出後留在烤盤上冷卻。把烤箱溫度調高到攝氏190度。

3. 製作奶酥，把奶油放入碗中和麵粉、可可粉、黃砂糖及香草籽用手指揉捏混合，直到麵團呈粗的碎塊狀。把麵團碎塊平均分布在鋪了烘焙油紙烤盤上，大約烤10分鐘。放涼後再篩撒上一些糖粉。

4. 製作馬斯卡彭鮮奶油，把吉利丁片泡入冷水10分鐘。用手持電動攪拌機，以中速把重乳脂鮮奶油在碗裡打發到剛好成形。把馬斯卡彭乳酪和糖在碗裡攪拌出綿密的質地。把杏仁香甜酒倒入平底鍋中稍微加溫，把吉利丁片擠乾，放入微溫的杏仁香甜酒中溶解。先把2湯匙的馬斯卡彭混合物拌入香甜酒混合物，再快速地把這些和剩餘的馬斯卡彭鮮奶油拌在一起。最後，小心地把打發鮮奶油也切拌進去。覆蓋好，放入冰箱冷藏2小時，讓它凝固。

5. 製作每一個小塔，在3片海綿蛋糕上分別塗果醬及馬斯卡彭鮮奶油，然後疊在一起。把剩下的馬斯卡彭鮮奶油放進一個乾淨、裝有中型圓花嘴的擠花袋，然後在每個塔的上方擠上幾球奶油。

6. 製作櫻桃裝飾，把櫻桃果泥、糖粉，以及櫻桃汁攪拌混合，很快煮沸一下。靜置、稍微變涼後，即可用來蘸櫻桃。用蘸過醬汁的櫻桃與烤好的奶酥裝飾甜點。

小訣竅：酥脆的奶酥

製作奶酥的時候，注意不要弄得太小塊。如果做得比較大塊一些，烤好以後脆度會較理想。

▼

提拉米蘇

加杏仁香甜酒及馬斯卡彭鮮奶油

提拉米蘇：3張吉利丁片 • 750g馬斯卡彭 • 135g細砂糖 • 3湯匙杏仁香甜酒 • 450g重乳脂鮮奶油 • 視使用的的容器大小而定，約200g手指海綿蛋糕 • 可可粉，用來篩撒

咖啡混合液：500ml溫咖啡或義式濃縮咖啡 • 3湯匙杏仁香甜酒 • 60g細砂糖

用具：30×20cm深餐盤

製作份量：6人份　　準備時間：20分鐘 + 4小時冷藏

1. 製作馬斯卡彭鮮奶油，把吉利丁片泡入冷水10分鐘。這時候，把馬斯卡彭乳酪和糖一起用球型打蛋器在碗裡攪拌出滑順的質地。

2. 把杏仁香甜酒倒入平底鍋中稍微加熱，把吉利丁片擠乾，放入溫熱的杏仁香甜酒中溶解。先把1/3的馬斯卡彭混合物拌入。再把這些加入另外2/3的馬斯卡彭混合物中，用打蛋器把所有東西攪拌出滑順質地。

3. 用手持電動打蛋器，以中速把重乳脂鮮奶油在碗裡打發到剛好成形。分次把打發的重乳脂鮮奶油，用球型打蛋器切拌進馬斯卡彭鮮奶油中。

4. 製作咖啡混合液，把咖啡、杏仁香甜酒及砂糖攪拌均勻。一次一個，分別把手指海綿蛋糕完全浸泡到咖啡混合液中，然後將蛋糕緊密排滿餐盤底部。

5. 用1/2量的馬斯卡彭鮮奶油，均勻地抹在手指海綿蛋糕上。把更多的手指海綿蛋糕浸泡到咖啡混合液中，再滿滿地鋪在馬斯卡彭鮮奶油上。把手指海綿蛋糕輕輕向下壓進馬斯卡彭鮮奶油中。最後，用剩下的馬斯卡彭鮮奶油在上面蓋滿。

6. 把提拉米蘇用保鮮膜包好，放入冰箱內冷藏最少4小時，最好是2天。食用前篩撒上可可粉。

小訣竅：保存咖啡溶液

要確實讓手指海綿蛋糕浸泡到咖啡混合液，必須徹底把蛋糕泡進咖啡溶混合液裡。如果最後有剩下的咖啡混合液，可以放入密封容器中在冰箱冷藏1-2週。

▼

小泡芙

加酥脆牛軋糖

酥脆牛軋糖：無味蔬菜油，塗抹烤盤用 • 15g杏仁粉 • 200g細砂糖 • 165g杏仁牛軋糖

泡芙麵團：4湯匙牛奶 • 1小撮鹽 • 1茶匙細砂糖 • 60g無鹽奶油 • 75g中筋麵粉 • 2個蛋 • 糖粉，用來篩撒

馬斯卡彭鮮奶油及裝飾：1½張吉利丁片 • 125g重乳脂鮮奶油 • 250g馬斯卡彭乳酪 • 1茶匙細砂糖 • 25g杏仁糖漿（例如 Monin［法國糖漿品牌］）

用具：擠花袋和中型圓花嘴

製作份量：20個　準備時間：1小時 + 1小時冷藏 + 冷卻　烘烤時間：20-30分鐘

1. 參閱51頁食譜步驟，製作酥脆牛軋糖。烤箱預熱到攝氏180度，在烤盤上鋪烘焙油紙。

2. 製作泡芙，把牛奶倒入平底深鍋中，加入4湯匙的水、鹽、糖及奶油，煮沸。把平底深鍋從火源移開，一口氣倒入麵粉，攪拌均勻。再放回火爐上加熱約1分鐘，讓麵團變乾：加熱時要一邊攪拌，直到麵團結成球狀，且鍋子的底部形成一層白色殘留物為止。

3. 把麵團移到一個碗中，用叉子把蛋打散，然後分次加入還是溫熱的麵團中，一邊用手持電動打蛋器的低速，把麵糊打出滑順有光澤的質地。

4. 把麵糊放入裝有圓形花嘴的擠花袋內，然後在烘焙油紙上擠出直徑2-3cm的圓。把小泡芙放入烤箱中間層，大約要烤20-30分鐘，直到烤出金黃色澤為止。放在網架上冷卻。

5. 製作馬斯卡彭鮮奶油，把吉利丁片泡入冷水10分鐘。用手持電動打蛋器，以中速把重乳脂鮮奶油在碗裡打發到剛好成形。把馬斯卡彭乳酪和糖在碗裡攪拌均勻。把杏仁糖漿倒在平底深鍋中，稍微加溫，把吉利丁片擠乾，放入微溫的杏仁糖漿中溶解。先把2湯匙的馬斯卡彭混合物拌入平底深鍋中的杏仁糖漿混合物，再快速地用球型打蛋器把這些和剩餘的馬斯卡彭混合物拌在一起。注意不要讓吉利丁結塊。最後小心地把打發的重乳脂鮮奶油切拌進去。覆蓋好，再放入冰箱冷藏1小時，讓它凝固。

6. 食用時，把小泡芙對半橫切。把酥脆牛軋糖切成小塊，在每一片小泡芙的下半邊上，放一小塊牛軋糖。用球型打蛋器把馬斯卡彭鮮奶油攪拌出滑順質地，再裝進一個乾淨、裝有中型圓花嘴的擠花袋中，然後擠到小泡芙的下半邊上。把小泡芙的上半邊蓋回去，篩撒一層薄薄的糖粉。

▼

維也納千層脆皮蘋果捲

自製千層脆皮

千層脆皮：250g中筋麵粉 • 2湯匙無味蔬菜油，另外多準備一些用來塗抹麵團 • 糖粉，用來篩撒
製作內餡：1kg適合製作塔的蘋果 • 75g黃砂糖（二砂） • 25g葡萄乾 • 30g杏仁，切碎
• 1條香草莢份量的香草籽 • ½個無臘檸檬皮（磨成細屑），及½個檸檬的檸檬汁 • 130g無鹽奶油

製作份量：6人份　準備時間：45分鐘 + 1小時靜置 + 冷卻　烘烤時間：30分鐘

1. 製作千層脆皮：把麵粉和150ml冷水及油揉在一起。你可以用裝有麵團勾的攪拌機，或用手揉成一個滑順且有彈性的麵團。把麵團整成球狀，在表面塗上油，用保鮮膜包好，在室溫下靜置1小時。

2. 這時，把蘋果削皮、切塊並去核，來準備內餡。把蘋果切成薄片，放進碗裡和糖、葡萄乾、杏仁、香草籽、檸檬皮及檸檬汁混合。把奶油放入平底深鍋中，用小火加熱融化。

3. 烤箱預熱到攝氏220度，在烤盤上鋪烘焙油紙。在一張大的乾淨茶巾上，或是在千層脆皮專用的麻布（參閱小訣竅）上，倒一點點麵粉，把麵團擀到盡可能地薄。再由麵團的中心向外延展，讓厚度變得極薄——要薄到能穿透它讀出後方報紙上的字。作法是把雙手放在麵團的下方，用兩手的手背撐著，一點一點由中心向外撐開麵團，讓它延展開來。

4. 把一半的融化奶油塗在麵皮上。將蘋果以縱向排放在麵皮上，蘋果的擺放空間不超過整張面皮的1/3，且邊緣要留有空隙。從有內餡的那一側，小心地拉起茶巾，利用茶巾輔助，慢慢地把它捲起來。把兩端壓緊，封起來。

5. 再利用茶巾輔助，把蘋果捲放到準備好的烤盤上，有接縫的那一面向下。放入烤箱中間層，大約要烤30分鐘，在第15分鐘後，刷上剩餘的奶油。從烤箱取出後趁溫熱上桌，或也可等冷卻後食用。篩撒上糖粉。

小訣竅：適合做千層脆皮用的布

想要順利地把極薄的麵皮和蘋果內餡捲起來，你需要盡可能找到最大且最平順的茶巾（麻布質料）。可以選購千層脆皮專用的布，它的尺寸恰好適合做出120cm長的千層脆皮蘋果捲。因為麵團是塗上油後才靜置一旁的，這麼做能保有良好的彈性。

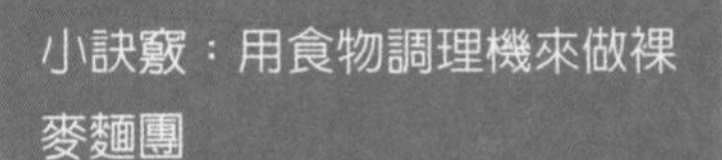

小訣竅：用食物調理機來做裸麥麵團

裸麥麵團比一般用小麥做的麵團重，且黏度較高。所以不建議用手揉製，依照機器輸出功率而定，可能即使是手持電動攪拌機也不夠力。做這種麵團，最好還是使用食物調理機。

▼

裸麥水果麵包

傳統德國食譜

醃漬水果乾：250g葡萄乾 • 70g無花果乾 • 70g蘋果乾 • 40g杏桃乾 • 2湯匙蘭姆酒
麵團和糖漿：20g新鮮酵母 • 400g白裸麥粉，如有需要，多準備一些備用
• 1茶匙鹽 • 70g榛果 • 50g核桃 • 20g松子 • 20g糖漬橙皮，切碎
• 20g糖漬檸檬皮，切碎 • ½茶匙混合香料 • 75g細砂糖

製作份量：2個　準備時間：25分鐘 + 24小時醃漬 + 1小時發酵 + 冷卻　烘烤時間：65-70分鐘

1. 在製作麵包的前一天，先將葡萄乾、無花果乾、蘋果乾及杏桃乾切碎，放在碗裡面和蘭姆酒拌勻。用保鮮膜蓋好，然後用重物（例如茶杯）壓著。放在冰箱裡浸泡24小時。

2. 第二天，放2湯匙溫水在容器中，捏碎新鮮酵母，倒入水中溶解。在一個大碗裡，把裸麥粉、鹽、榛果、核桃、松子糖漬橙皮、糖漬檸檬皮、混合香料、酵母溶液以及200ml的溫水，混合在一起。把醃漬水果乾及醃漬用的蘭姆酒，一起放入食物調理機，用麵團勾把所有的東西揉成一個麵團。如有需要，加入多一點點的水或裸麥粉調整，揉到麵團成形，且不會黏手的程度。

3. 把麵團分成兩半，整成兩個橢圓長條。用乾淨的茶巾蓋著，大約讓麵團發酵1小時，直到體積明顯地變大許多。

4. 烤箱預熱到攝氏160度，在2個烤盤上鋪好烘焙油紙。把砂糖放入平底深鍋中，加入75ml的水，煮沸來製作糖漿。放入烤箱中間層大約烤65-70分鐘，在烤了30分鐘後，刷上糖漿，然後在第45分鐘時，再刷一次。取出烤箱中後，放在網架上冷卻。

小訣竅：鹹味的變化版

你也可以把這種麵包做成鹹味的。把麵包切片，在煎鍋裡融化奶油，把麵包沾上砂糖。讓麵包在焦黃的奶油中稍微焦糖化，在每塊麵包上放一塊山羊乳酪。和紅酒搭配食用很美味。

小訣竅：把麵團存放在冰箱裡

你可以在前幾天就做好麵團，用保鮮膜包好，放在冰箱裡備用。

▼

林茲餅乾

加覆盆子果醬

• 50g室溫含鹽奶油 • 140g室溫無鹽奶油 • 130g細砂糖 • 2個蛋黃 • 200g榛果粉
• 120g中筋麵粉 • 1條香草莢份量的香草籽 • 1小撮肉桂粉
• 1小小撮丁香粉 • 1小小撮鹽 • 250g覆盆子果醬

製作份量：40片　　準備時間：20分鐘 + 冷卻　　烘烤時間：20分鐘

1. 烤箱預熱到攝氏180度，在烤盤上鋪烘焙油紙。

2. 把2種奶油放入碗中，連同糖及蛋黃，用手或裝有麵團勾的攪拌機混合。加入榛果粉、麵粉、香草籽、肉桂粉、丁香粉及鹽，把所有的東西快速揉出滑順的質地。

3. 將麵團揉成40個小球，每個直徑2-3cm，排放在烤盤上。用你的大拇指或木池的柄在每個球的中心壓出一個凹槽。將覆盆子果醬填入很充足的量，填滿到剛剛好碰到凹洞的上緣（果醬烤了以後會再濃縮一點）。

4. 把林茲餅乾放進預熱好的烤箱中間層，大約烤20分鐘，直到烤出金黃色澤為止。從烤箱取出後，放在網架上冷卻。

▼

薩赫蛋糕

奧地利經典

杏桃果醬（或是用罐裝杏桃果醬）：190g杏桃 • 140g粗砂糖 • 1湯匙檸檬汁

海綿蛋糕及杏仁膏：50g無鹽奶油 • 50g黑巧克力（最好是含67%可可固形物）• 6個蛋 • 50g中筋麵粉 • 25g可可粉 • 215g高品質杏仁膏 • 65g糖粉 • 1片擀好的杏仁糖霜（請參考小訣竅）

巧克力糖霜及裝飾：170g黑巧克力（為了做出閃亮的表面最好是調溫巧克力，參閱218頁）• 235g重乳脂鮮奶油 • 200g細砂糖 • 85g可可粉 • 50g白巧克力

用具：26cm中空圈模或活動蛋糕烤模

製作份量：8人份　準備時間：40分鐘 + 24小時醃漬 + 冷卻　烘烤時間：6-7分鐘

1. 提前一天，把杏桃對半切，去籽，用來做果醬。再把杏桃切成丁，和糖一起攪拌均勻，依照個人口味酌量加入檸檬汁。覆蓋好，讓它浸泡1天。第二天，用平底深鍋煮沸，再用小火燉煮10分鐘，直到質地變濃稠。靜置冷卻後，覆蓋好，放入冰箱冷藏。

2. 烤箱預熱到攝氏180度，在烤盤上鋪烘焙油紙。製作海綿蛋糕，把奶油和切碎的巧克力放入一個耐熱的碗中，以小火隔水加熱融化（碗不直接接觸水面）。把蛋黃和蛋白分開。把麵粉與可可粉混合在一起。

3. 把杏仁糖霜切碎，和糖粉一起放入碗中，用手持電動打蛋器攪拌，讓食材混合，再慢慢分次加入蛋黃、4湯匙的水及2個蛋白，攪拌出滑順的質地。用手持電動打蛋器把蛋白在碗中打發到尾端可以形成直立尖角狀，一邊打、一邊加入細砂糖。把打發蛋白、麵粉混合物以及融化的巧克力，交替著切拌進杏仁膏混合物中。

4. 把麵糊倒入烤盤中，厚度大約是1.5cm，再放進預熱好的烤箱中間層，大約要烤6-7分鐘。小心不要把海綿蛋糕烤得太乾。取出烤箱後，留在烤盤上冷卻。

5. 這時候，把巧克力切碎放入一個耐熱的碗中。把150g的重乳脂鮮奶油煮沸，倒入巧克力中。把250ml的水及砂糖用平底深鍋煮沸，加入可可粉，讓它再度煮沸。把可可粉混合物與巧克力混合物拌勻，盡量不要拌入空氣。覆蓋、靜置冷卻，然後放入冰箱冷藏備用。

6. 要組裝蛋糕，用中空圈模或活動蛋糕烤模把海綿蛋糕切出2個圓形。把一片蛋糕放在中空圈模或活動蛋糕烤模的底部，然後塗上一半的杏桃果醬（剩下的可留著以後作不同用途，或用來塗抹吐司）。蓋上第二片蛋糕。

7. 把中空圈模移開，蓋上擀好的杏仁糖霜後輕輕往下壓。把多餘的部分切除。把巧克力糖霜用耐熱碗以小火隔水加熱（碗不碰到水面），千萬不可過度加熱。把蛋糕放在網架上，淋上糖霜。把白巧克力用前面融化黑巧克力的方式，也加熱融化，在還是溫熱的糖霜上畫幾條線，再用牙籤以垂直白巧克力線條的方向，畫出幾道線條。靜置冷卻後食用。

小訣竅：製作杏仁糖霜

大型超市可能會賣擀好的杏仁糖霜，可直接用來覆蓋蛋糕。如果你買不到這種杏仁糖霜，自己做也不會太難。把250g高品質的杏仁膏切成小塊，再和125g糖粉及1湯匙蘭姆酒揉在一起，然後在兩張烘焙油紙或保鮮膜之間，把它擀成5mm厚的圓片。

小訣竅：事先準備好

油酥麵團適合前一天先做好。放在冰箱裡備用。第二天再準備上層配料，完成楔形堅果塊。

▼

楔形堅果塊

混合四種堅果

油酥麵團：275g糖粉 • 5個蛋黃 • 450g無鹽奶油，切碎，另外多準備一些用來塗抹烤盤 • 670g中筋麵粉 • 1小撮鹽 • 1茶匙香草粉 • ½茶匙無臘檸檬皮（磨成細屑）

上層配料及裝飾：100g胡桃 • 100g榛果 • 100g花生 • 100g杏仁 • 170g牛奶巧克力 • 60g黑巧克力（含66%可可固形物），外加100g做表面塗層 • 120g無鹽奶油 • 125g 細砂糖 • 250g 葡萄糖漿（參閱219頁） • 125g楓糖漿 • 2茶匙香草粉 • 7個蛋 • 1小撮鹽 • 50g白巧克力

用具：40×30cm的烤盤 • 烘焙重石、乾豆或生米

製作份量：20個　準備時間：50分鐘 + 2小時冷藏 + 冷卻　烘烤時間：60-65分鐘

1. 製作油酥麵團，把糖粉、蛋黃、奶油、鹽、香草粉及檸檬皮放入碗中，用手或裝了麵團勾的攪拌器快速揉合出滑順質地。把麵團整成一個圓球，壓平，用保鮮膜包好，放入冰箱最少冷藏2小時。

2. 烤箱預熱到攝氏180度。在烤盤塗上奶油，在烤盤上把油酥麵團擀成整張厚度平均，用叉子在四處戳幾下。在油酥麵團上鋪烘焙油紙，填滿烘焙重石，準備空烤。在烤箱中間層，大約烤10-15分鐘。從烤箱取出麵團，移除焙重石及烘焙油紙。把烤箱溫度調降至攝氏160度。

3. 製作上層配料，把胡桃、榛果、花生、杏仁大致切碎。切碎牛奶巧克力及黑巧克力，分開放好。把奶油及糖放入平底深鍋中，加熱約1分鐘，直到糖溶解為止。加入一半的牛奶巧克力，及全部的黑巧克力，把所有食材攪拌均勻。

4. 在另一個平底深鍋中加入葡萄糖漿、楓糖漿及香草粉，煮沸後，攪拌出滑順質地。在碗中把糖漿拌入巧克力混合物。用手持電動攪拌機拌入雞蛋及鹽。最後，拌入堅果及剩下另一半的牛奶巧克力。

5. 把堅果混合物均勻地鋪在酥皮上。整個放入烤箱中間層，大約烤50分鐘。從烤箱中取出後，留在烤盤上冷卻。然後切成一塊10×6cm的大小。

6. 把100g的黑巧克力及白巧克力分別用耐熱碗以小火隔水加熱融化（碗不直接接觸水面）。把堅果塊的其中兩邊蘸上黑巧克力。用白巧克力畫線裝飾。

小訣竅：切堅果

切堅果時，一次放一些在一個大的砧板上，用一把又大又鋒利的刀子來切。

▼

瑞士小堅果塔

加蔓越莓及白巧克力

製作份量：6個　準備時間：40分鐘 + 26小時冷藏 + 冷卻　烘烤時間：20-25 分鐘

奶油霜及裝飾：2個蛋黃 • ½包香草奶凍粉 • 100ml牛奶 • 100g重乳脂鮮奶油 • 1條香草莢份量的香草籽 • 15g細砂糖 • 1/4個無臘檸檬皮（磨成屑） • 6湯匙蔓越莓果醬 • 100ml櫻桃酒 • 250g無鹽奶油 • 馬拉斯加櫻桃酒（非必要） • 50g白巧克力，裝飾用 • 50g新鮮蔓越莓，裝飾用

塔皮：135g無鹽奶油，切碎，另外多準備一些用來塗抹塔模 • 85g糖粉 • 1個蛋 • 1茶匙香草粉 • 1小撮鹽 • ¼條香草莢份量的香草籽 • 30g杏仁粉 • 225g中筋麵粉，另外多準備一些用來篩撒

堅果餡料：40g黑巧克力（含66%可可固形物） • 230g白巧克力 • 80g無鹽奶油 • 85g細砂糖 • 165g葡萄糖漿（參閱219頁） • 125g楓糖漿 • 2茶匙香草粉 • 1小撮鹽 • 7個蛋 • 130g榛果 • 130g杏仁

用具：6個10cm小型塔模

1. 提前一天，先開始準備奶油霜，用球型打蛋器在碗中把蛋黃和香草奶凍粉混合。把牛奶連同重乳脂鮮奶油、香草籽、細砂糖放入平底鍋中煮沸，過程中要不斷攪拌。把煮滾的牛奶混合物慢慢地一邊攪拌，一邊倒入蛋黃及香草奶凍粉混合物中，也要不斷地攪拌。再把全部倒回平底鍋中很快地加熱煮沸一下，不斷地攪拌，讓它變濃稠。用細篩子篩過後，在裡面加入檸檬皮。用保鮮膜包好，靜置冷卻，然後放入冰箱冷藏。

2. 製作油酥塔皮，把奶油、糖粉、雞蛋、香草粉、鹽及香草籽放入攪拌器的碗中，用麵團勾拌揉。加入杏仁粉及麵粉，然後把所有食材迅速地揉合出滑順的質地。把麵團整成一個圓球，壓平，用保鮮膜包好，放入冰箱最少冷藏2小時。

3. 在小型塔模內抹上一點點奶油，再撒上一點麵粉，把多餘的麵粉輕敲抖掉。

4. 在兩張保鮮膜之間，把麵團擀成5mm厚，切成直徑14cm的圓，鋪在塔模上。切除多餘的塔皮，再用叉子在整個塔皮的四處戳幾下。放回冰箱冷藏30分鐘。

5. 烤箱預熱到攝氏190度。製作堅果餡料，分別把黑巧克力和白巧克力切碎。把奶油及糖放入平底深鍋中，加熱約1分鐘，讓糖融化。離火後，加入全部的黑巧克力及一半的白巧克力，攪拌到巧克力融化為止。

6. 把葡萄糖漿放入平底深鍋中，加入楓糖漿及香草粉，煮沸成糖漿。在碗中把糖漿拌入巧克力與奶油的混合物。在裡面加入鹽，用手持電動攪拌機慢慢地分次拌入雞蛋。把榛果和杏仁切碎，連同剩下一半的白巧克力一起拌入碗中的混合物。

7. 在油酥塔皮上抹蔓越莓果醬，放上堅果餡料，抹平。放入烤箱最低層，烤20-25分鐘，取出後淋上幾滴櫻桃酒。

8. 製作奶油霜，把奶油攪打至顏色變淺。慢慢地分次把冷藏得冰冰涼涼的香草奶凍攪打進去。最後依照個人口味，酌量加入馬拉斯加櫻桃酒，然後抹在塔上。上桌前，把白巧克力大致刨成碎片。用巧克力碎片及珠寶般的蔓越莓來點綴。

小訣竅：冷凍起來存放

製作完成的杏仁蛋糕可以美美地冷凍起來。把它放在一個堅固的底盤上，再整個推進冷凍袋封好。要解凍時，將袋子移除，放入冷藏庫。

▼

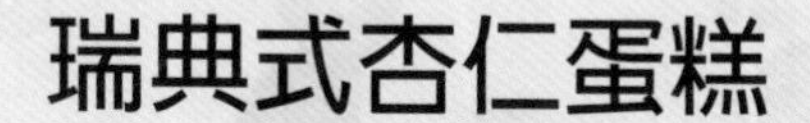

瑞典式杏仁蛋糕

帶一點德國風格

杏仁夾層：5個蛋白 • 120g細砂糖 • 150g杏仁粉

奶油霜：4張吉利丁片 • 5個蛋黃 • 100g重乳脂鮮奶油 • 60g細砂糖 • 175g無鹽奶油

糖霜：400g白巧克力 • 100g無味蔬菜油

焦糖杏仁：各25g的整粒杏仁及切碎杏仁 • 50g糖粉

製作份量：12人份　　準備時間：30分鐘 + 1小時冷藏 + 冷卻　　烘烤時間：20 分鐘

1. 把烤箱的風扇打開，預熱到攝氏180度。在兩張烘焙油紙上各畫一個25cm的圓，把兩張烘焙油紙分別放在2個烤盤上。

2. 製作杏仁夾層，用手持電動打蛋器在碗中把蛋白打發到尾端可以形成直立尖角狀。把砂糖及杏仁粉切拌進打發的蛋白中。

3. 平均分配杏仁混合物，放到兩張烘焙油紙上，要放進畫好的圓圈中，整平。送入預熱好的烤箱中間層，大約烤20分鐘。烤到一半的時候，互換烤盤位置，才能都均勻烤到。從烤箱中取出後，移到砧板上，小心地移除烘焙油紙。靜置冷卻。

4. 這時，把吉利丁片泡入冷水10分鐘。把蛋黃、重乳脂鮮奶油及砂糖放入平底鍋中。用中小火加熱到沸騰後，繼續以中小火燉煮，要不斷地攪拌，讓質地變濃稠。把吉利丁片擠乾，放入混合物中攪拌融化。離火後讓它稍微冷卻。把奶油切碎，慢慢地分次拌入。用保鮮膜將表面覆蓋好，放入冰箱冷藏約1小時。

5. 把一半的奶油霜抹在一片杏仁蛋糕片上，再把第二片放上，然後用剩下奶油霜，塗覆在整個蛋糕外。

6. 製作糖霜，大致切碎巧克力，然後連同油一起放入一個耐熱的碗中，以小火隔水加熱融化（碗不直接接觸水面），攪拌混合。用來澆淋，完全覆蓋住蛋糕。

7. 要製作焦糖堅果，烤箱預熱到攝氏190度。把杏仁分散鋪在烤盤上，放入烤箱中間層，大約烤8分鐘。把杏仁放入平底深鍋，撒上糖粉後，用中火加熱到焦糖化，過程中要不斷翻攪。用杏仁裝飾蛋糕。

▼

荷蘭式鮮奶油蛋糕

加草莓及鮮奶油

千層酥皮麵團（基礎麵團或包覆麵團）：40g無鹽奶油 • 1茶匙鹽 • 250g中筋麵粉

千層酥皮麵團（奶油麵團）：160g無鹽奶油 • 50g中筋麵粉 • 1個蛋黃

油酥麵團：90g無鹽奶油，切碎 • 55g糖粉 • 1個蛋 • 1小撮鹽 • ½條香草莢份量的香草籽 • 150g中筋麵粉 • 20g杏仁粉

櫻桃內餡：720ml罐裝去籽酸櫻桃（Morello cherries） • 30g玉米粉 • 75g細砂糖 • 1茶匙香草粉 • 1根肉桂棒 • 2個大的無臘檸檬皮（切細絲）

鮮奶油內餡：500g重乳脂鮮奶油 • 50g細砂糖 • 1茶匙香草粉 • 2條香草莢份量的香草籽 • 3張吉利丁片 • 3湯匙蘭姆酒

組裝：50g黑巧克力（調溫巧克力） • 2-3湯匙櫻桃果醬 • 150g草莓，切片 • 2-3湯匙草莓果醬 • 約50g買現成的鏡面糖霜或可淋式翻糖（參閱219頁）

用具：直徑26cm中空圈模 • 擠花袋和圓形花嘴

製作份量：12-16人份　準備時間：1小時 + 30小時冷藏 + 冷卻　烘烤時間：35-40分鐘

1. 提前一天，先做好千層酥皮麵團（包覆麵團），參閱216頁步驟，用作蛋糕底層。

2. 第二天，參閱216頁步驟，準備好奶油麵團，放入冰箱冷藏。

3. 這時候，製作油酥麵團，把奶油、糖粉、雞蛋、鹽及香草籽放入攪拌器的碗中，用麵團勾拌揉。加入杏仁粉及麵粉，然後把所有食材迅速地揉合出滑順質地。把麵團整成一個圓球，壓平後用保鮮膜包好，放入冰箱最少冷藏2小時。

4. 完成千層酥皮麵團，把包覆麵團和奶油麵團按照216頁步驟操作，把麵團擀平、摺疊（單摺及雙摺），再放入冰箱冷藏（如216頁所述）。

5. 在最後一個冷藏步驟的等待期間，在碗中瀝乾罐裝酸櫻桃，保留汁液。將玉米粉拌入3-4湯匙櫻桃汁，攪拌均勻。把剩餘的櫻桃汁倒入平底深鍋中，加入糖、香草粉、肉桂棒、檸檬皮，一起煮沸。把肉桂棒及檸檬皮從鍋中取出。加入玉米粉混合物，攪拌均勻，讓櫻桃汁變濃稠。把櫻桃切拌進去，靜置冷卻。

6. 烤箱預熱到攝氏190度。在烤盤鋪烘焙油紙。把油酥麵團擀到5mm的厚度，用中空圈模切出一個直徑26cm的圓形。把麵團放在烤盤上，用叉子在麵團各處都戳幾下，然後放進預熱好的烤箱中間層，大約烤8分鐘，直到烤出金黃色澤為止。取出烤箱後，放在網架上冷卻。

7. 烤箱溫度調高到攝氏220度。把千層酥皮麵團擀到7mm厚，然後切出直徑26cm的圓形。把圓形酥皮麵團翻面放在烤盤上，在上面刷上蛋黃。蛋黃不可以沾到麵皮的邊緣，不然烤的時候會阻礙麵皮，無法順利發起來。把千層酥皮麵團放進預熱好的烤箱中間層，大約要烤30分鐘，直到烤出金黃色澤為止，剩下的千層酥皮麵團也放進去一起烤。取出烤箱後，放在網架上冷卻。把千層酥皮橫切成兩半，變成上下2 層。

8. 製作鮮奶油內餡，把鮮奶油連同糖、香草粉、香草籽放入碗中，以手持電動打蛋機的中速打發到剛好成形即可。把吉利丁片泡入冷水中，擠乾。把蘭姆酒稍微加熱，再放入吉利丁片溶解。最後把蘭姆酒切拌進打發的鮮奶油中。

9. 把調溫巧克力放入耐熱的碗中，以小火隔水加熱融化（碗不直接接觸水面）。把中空圈模放在烘焙油紙上的油酥塔皮外圍。在塔皮上刷上一層厚厚的巧克力，再塗上一層櫻桃果醬，排上一層草莓，塗上一層鮮奶油餡料，放上一層千層酥皮，再鋪上櫻桃內餡。預留一些鮮奶油內餡，放入冰箱冷藏，稍晚用來裝飾，然後把剩下的鮮奶油塗抹在櫻桃內餡上並且整平。將蛋糕放入冰箱冷藏最少 4 小時。

10. 把草莓果醬放在一個小的平底深鍋中加熱，然後抹在第二片千層酥皮上。將鏡面糖霜或翻糖用一樣的方法加熱，然後淋在果醬上。用湯匙在上面畫幾個漩渦，創造出大理石紋路，然後放入冰箱冷藏。在蛋糕的側面用捏碎的千層酥皮裝飾。將冰過的千層酥皮，依照想要的大小切成12-16等分。

11. 將中空圈模移除。把預留的鮮奶油內餡放入裝有圓形花嘴的擠花袋，然後在蛋糕的邊緣擠上幾球鮮奶油。把冰過的千層酥皮依照蛋糕角度，扇形排列在鮮奶油上。

罕見稀奇的甜點

接下來介紹的糕點食譜，
用到的食材包含帶有異國風情的
抹茶、芝麻、荔枝、檸檬馬鞭草
或日本柚（香橙）等。
如果你想要用特殊的食材喚醒味蕾，
選擇這一章裡的食譜，
絕對不會錯。

▼

異國風味馬芬

芒果百香果口味

馬芬：100g室溫無鹽奶油，另外多準備一些用來塗抹烤模（非必要）• 80g細砂糖 • ½條香草莢份量的香草籽 • 1小撮鹽 • 2個蛋 • 100g香蕉 • 100g芒果 • 65g百香果果泥（10%糖，參閱219頁），或是百香果蜜或果昔 • 4湯匙萊姆汁 • 310g中筋麵粉 • 2½茶匙泡打粉 • 糖粉，用來篩撒成品（非必要）

12連馬芬烤模 • 12個馬芬襯紙（非必要）

製作份量：12個　　準備時間：30分鐘 + 冷卻　　烘烤時間：30分鐘

1. 烤箱預熱到攝氏180度。在馬芬烤模內抹上奶油，或放入馬芬襯紙。

2. 製作馬芬，用手持電動打蛋器把奶油與一半的砂糖、香草籽及鹽一起在碗中打到乳化。把蛋黃與蛋白分開。一次加入一個蛋黃到奶油及糖的混合物中，每加入一個蛋黃，都打到食材恰好均勻混合即可。

3. 把香蕉及芒果大致切塊，連同百香果果泥和萊姆汁放入深杯中。用手持電動攪拌器打成果泥。把果泥拌入奶油及糖的混合物中。混合麵粉和泡打粉後，篩入果泥混合物，攪拌到恰好均勻混合即可。用手持電動打蛋器把蛋白打發到尾端可以形成直立的尖角狀，慢慢地一邊打、一邊加入剩下一半的糖。把打發蛋白分次切拌進前面混合了果泥的麵糊中。

4. 把麵糊平均倒入馬芬烤模或馬芬襯紙中。放進預熱好的烤箱中間層，大約烤30分鐘，直到烤出金黃色澤為止。從烤箱取出後，讓馬芬留在烤模內冷卻。食用時，篩撒上糖粉（如果有要用的話）。

小訣竅：完全成熟的水果

這個食譜成功的關鍵是要選用完全成熟的香蕉以及芒果，這樣的水果才能為成品帶來具有異國風味的香氣。

▼

糖煮紅色莓果杯子蛋糕

經典法式甜點

製作份量：12個　準備時間：40分鐘 + 24小時冷藏 + 冷卻　烘烤時間：20-25分鐘

甘納許：125g白巧克力 • 200g重乳脂鮮奶油 • 1茶匙葡萄糖漿

糖煮莓果：25g新鮮或解凍的覆盆子 • 25g新鮮或解凍的去籽酸櫻桃

• 25g 新鮮或解凍的紅醋栗 • 25g 新鮮或解凍後的黑莓 • 25g新鮮或解凍的藍莓

• 125ml覆盆子汁 • 1湯匙香草奶凍粉 • 2湯匙細砂糖

蛋糕本體及裝飾：無鹽奶油，用來塗抹烤模（非必要） • 165g細砂糖

• 3個大的蛋 • 1條香草莢份量的香草籽 • 1茶匙香草粉 • 185ml無味蔬菜油

• 165g中筋麵粉 • 1茶匙泡打粉 • 80g新鮮或解凍後的綜合莓果 • 新鮮莓果，裝飾用

巧克力醬：1湯匙葡萄糖漿 • 15g可可粉 • 10g黑巧克力（切碎）

用具：擠花袋和中型圓花嘴 • 12連馬芬烤模 • 12個馬芬襯紙（非必要）

1. 提前一天，把巧克力切碎放入耐熱的碗中，準備製作白巧克力甘納許。把125g的重乳脂鮮奶油和葡萄糖漿倒入平底深鍋中煮沸後，倒入巧克力中，讓它靜置2分鐘。用手持電動攪拌器或刮勺慢慢地拌入剩餘的鮮奶油。小心不要拌入空氣。蓋好後放冰箱冷藏至少24小時。

2. 第二天，用手持電動打蛋器把甘納許用中速打成扎實、滑順綿密的質地。放入裝有中型圓花嘴的擠花袋內，再放入冰箱冷藏備用。

3. 製作糖煮紅色莓果，把所有水果的3/4和80ml覆盆子汁，倒入大的平底深鍋中煮沸。把剩下的覆盆子汁和香草奶凍粉及糖混合後，拌入水果和果汁的混合物中，過程中要不斷攪拌，再稍微煮沸讓質地變濃稠。留在室溫下冷卻，然後小心地把剩下1/4的水果拌入。蓋好後放冰箱冷藏備用。

4. 烤箱預熱到攝氏190度。在馬芬烤模內抹上奶油，或放上馬芬襯紙。

5. 製作蛋糕本體，用球型打蛋器將糖、蛋、香草籽、香草粉與油攪打均勻。混合麵粉與泡打粉，再拌入砂糖混合物，攪拌到恰好均勻混合即可。最後把步驟3的綜合莓果切拌進來。

6. 把麵糊均分倒入馬芬烤模或馬芬襯紙中。放進預熱好的烤箱中間層，大約要烤20-25分鐘，直到烤出金黃色澤為止。從烤箱取出蛋糕後，留在烤模內冷卻。

7. 製作巧克力醬，把葡萄糖漿和75ml的水煮沸，然後拌入可可粉以及巧克力。食用前，擠出幾球甘納許在杯子蛋糕上，再用新鮮莓果與糖煮莓果來裝飾，最後滴上幾滴巧克力醬。

▼

蜂蜜杯子蛋糕

搭配杏仁脆片

製作份量：12個　　準備時間：40分鐘 + 1小時冷藏 + 冷卻　　烘烤時間：20-30分鐘

內餡：5個蛋黃・1包香草奶凍粉・250ml牛奶・400g重乳脂鮮奶油・1條香草莢份量的香草籽
・75g細砂糖・½茶匙無臘檸檬皮（磨成細屑）・1½張吉利丁片
蛋糕本體：室溫無鹽奶油，用來塗抹烤模（非必要）・165g細砂糖・3個大的蛋
・½條香草莢份量的香草籽・185ml無味蔬菜油・165g中筋麵粉・2茶匙泡打粉
杏仁脆片及裝飾：55g無鹽奶油・25g蜂蜜・20g葡萄糖漿・30g細砂糖
・70g重乳脂鮮奶油・75杏仁片・糖粉，用來篩撒
用具：12連馬芬烤模・12個馬芬襯紙（非必要）・擠花袋和圓形花嘴

1. 製作香草內餡，用球型打蛋器把蛋黃及香草奶凍粉混合在碗中，一起攪打。把牛奶連同250g重乳脂鮮奶油、香草籽、細砂糖放入平底深鍋煮沸，然後一邊攪拌、一邊分次倒入蛋黃混合物中。再把全部倒回平底深鍋中，加熱煮沸，過程中要不斷攪拌，直到變濃稠為止。用細篩子篩過後，把加進去檸檬皮，蓋好、放入冰箱冷藏。

2. 烤箱預熱到攝氏190度。在馬芬烤模內抹上奶油，或放上馬芬襯紙。製作蛋糕本體，用打蛋器將砂糖、蛋、香草籽與油攪打均勻。混合麵粉與泡打粉後，拌入以上混合物中。最後平均倒進每個馬芬烤模中。

3. 製作杏仁脆片，把奶油和蜂蜜、葡萄糖漿、糖，以及重乳脂鮮奶油放入平底深鍋中煮沸至少2分鐘，然後把杏仁片也切拌進去。將1/3的杏仁混合物抹到蛋糕上。放進預熱好的烤箱中間層，大約烤20-30分鐘。從烤箱取出後，蛋糕靜置在烤模內約5分鐘，再從烤模中取出，放在網架上冷卻。不要把烤箱關掉。

4. 把剩下2/3的杏仁混合物鋪在鋪有烘焙油紙的烤盤上，放入烤箱中烤10分鐘，直到烤出金黃色澤為止。放置冷卻，再剁成小塊。

5. 這時，回來製作內餡。把吉利丁片泡入冷水10分鐘。用手持電動打蛋器，以中速把重乳脂鮮奶油在碗裡打發到剛好成形。用球型打蛋器把香草奶凍混合物再次打出滑順質地。把吉利丁片從水中取出，放在一個小的平底深鍋中用小火加熱融化後，快速拌入香草奶凍混合物中。最後把打發鮮奶油也切拌進去，蓋好、放入冰箱冷藏1小時。

6. 食用前，用球型打蛋器把鮮奶油再次打出滑順質地，放進一個裝有中型圓花嘴的擠花袋。用香草奶油裝飾杯子蛋糕。如果你想要的話，可將杯子蛋糕橫切成三層，在每一層上都擠上奶油後，再像三明治那樣組裝回去，製作出分層的效果，如左頁照片所示。放上杏仁脆片，再篩撒上糖粉。

小訣竅：超濃巧克力

如果你是那種巧克力吃再多也不嫌多的人，在胡桃切片冷卻後，可以用切片的幾個角蘸巧克力。把200g的黑巧可力融化，用切片的角去蘸融化的巧克力，然後靜置在烘焙油紙上讓它凝固。

▼

胡桃切片

佐焦糖巧克力

油酥麵團：270g糖粉 • 5個蛋黃 • 450g無鹽奶油，切碎，另外多準備一些用來塗抹烤盤 • 670g中筋麵粉 • 1小撮鹽 • 1茶匙香草粉 • ½茶匙無臘檸檬皮（磨成細屑）

上層配料及裝飾：400g胡桃 • 170g焦糖口味巧克力，或是牛奶巧克力 • 170g牛奶巧克力 • 60g黑巧克力（66%可可固形物） • 120g無鹽奶油 • 140g細砂糖 • 250g葡萄糖漿 • 125g楓糖漿 • 1½ 茶匙香草粉 • 7個蛋 • 1小撮鹽 • 白巧克力，切碎，裝飾用 • 胡桃，切碎，裝飾用 • 牛奶巧克力刨花，裝飾用

用具：烘焙重石、乾豆或生米

製作份量：20個　準備時間：50分鐘 + 2小時冷藏 + 冷卻　烘烤時間：60-65分鐘

1. 製作油酥麵團，把糖粉、蛋黃、奶油、麵粉、鹽、香草粉及檸檬皮放入碗中用手或裝了麵團勾的攪拌器，快速揉合出滑順質地。把麵團整成一個圓球、壓平，用保鮮膜包好，放入冰箱最少冷藏2小時。

2. 烤箱預熱到攝氏180度。在烤盤塗抹奶油，在烤盤上把油酥麵團擀成一樣平均的厚度，用叉子在麵團四處都戳幾下。鋪上烘焙油紙，填滿烘焙重石。放入烤箱中間層，大約要烤10-15分鐘。從烤箱取出後，把烘焙重石及烘焙油紙移除。把烤箱溫度調低為攝氏160度。

3. 製作上層配料，把胡桃大致切碎。把焦糖口味巧克力、牛奶巧克力及黑巧克力分別切碎。把奶油及糖放入平底深鍋中加熱約1分鐘，直到糖溶解為止。加入牛奶巧克力及黑巧克力，攪拌均勻。

4. 在另一個平底深鍋中倒入葡萄糖漿、楓糖漿及香草粉，攪拌均勻再一起煮沸。把煮沸的混合物拌入巧克力混合物中。稍微放涼一點之後，再用手持電動攪拌機拌入雞蛋及鹽，徹底拌勻。最後，拌入碎堅果及剩下的焦糖口味巧克力。

5. 把堅果混合物均勻地鋪在酥皮上，整個放入烤箱中間層，大約要烤50分鐘。從烤箱中取出後，留在烤盤上冷卻。然後切成一塊10×6cm的大小。

6. 烤箱預熱到攝氏190度。把切碎的白巧克力放入烤箱10分鐘，讓巧克力融化，靜置冷卻，然後用廚房紙巾輕拍一下吸乾。用胡桃、巧克力刨花，以及焦糖畫的白巧克力，裝飾胡桃切片。

▼

酵母蘋果蛋糕

加榛果奶酥

酵母麵團：75ml 牛奶，多準備一點備用 • 20g新鮮酵母 • 40g細砂糖 • 250g 中筋麵粉，另外多準備一些用來篩撒 • 90g融化的無鹽奶油，另外多準備一些，用來塗抹烤模 • 1湯匙無味蔬菜油 • 1小撮鹽 • 1個蛋 • ½條香草莢份量的香草籽 • ½個無臘檸檬皮（磨成細屑）

卡士達奶油：65g 細砂糖 • 2-3 個蛋黃 • 30g 的香草奶凍粉 • ½ 條香草莢 • 250ml 牛奶

榛果奶酥：65g 室溫無鹽奶油 • 65g 黃砂糖（二砂） • 1小撮鹽 • ½條香草莢份量的香草籽 • 130g榛果粉 • 30g切碎榛果

蘋果泥及裝飾：3個蘋果，總重約400g，外加3個蘋果，去皮切片 • 65g細砂糖 • 2湯匙蘋果汁 • 1湯匙焦糖糖漿（例如 Monin〔法國糖漿品牌〕） • ½條香草莢份量的香草籽 • ½根肉桂棒 • 尚提伊鮮奶油（非必要，參閱62頁） • 糖粉，用來篩撒

用具：直徑28cm活動蛋糕烤模

製作份量：16人份　準備時間：1小時 + 1½小時發酵 + 冷卻　烘烤時間：40分鐘

1. 製作酵母麵團，把牛奶加熱到微溫。加入新鮮酵母碎塊及糖，攪拌到酵母溶解為止。把麵粉放入大碗中，在中間挖一個洞。把牛奶及酵母溶液倒入麵粉的洞中，和麵粉攪拌成麵團。用一條乾淨的茶巾蓋上，讓麵團在室溫下發酵約30分鐘，直到體積變成2倍為止。

2. 在麵團中加入融化的奶油、油、鹽、雞蛋、香草籽和檸檬皮細屑，把所有的東西一起揉到光滑、有彈性，且不再沾黏碗邊為止。如果需要的話，可以加入一點點的麵粉和牛奶調整麵團質地。再次蓋上讓麵團，在室溫下發酵約30分鐘，直到麵團體積變成2倍為止。

3. 這時，來準備各種不同的配料。用前述的方法（請參考158頁）製作卡士達醬，靜置冷卻。

4. 製作奶酥，用手，或是裝有麵團勾的攪拌機，將奶油、糖、鹽、香草籽、榛果粉以及切碎的榛果，攪和成碎塊狀。蓋好後，放入冰箱冷藏。

5. 製作蘋果泥，把3個蘋果削皮、去心、切碎。把糖與3湯匙水一起在平底深鍋中，煮沸成深色的焦糖。加入切碎的蘋果，然後立即倒入蘋果汁及焦糖糖漿。把香草莢縱切剖開，再刮出香草籽，把香草籽及香草莢連同肉桂棒一起放入鍋中。用小火慢慢燉到蘋果變成果漿為止。取出香草莢及肉桂棒，然後用手持電動攪拌機把鍋中混合物打成泥。放到一個碗內，靜置冷卻。

6. 在蛋糕烤模內抹奶油。把酵母麵團快速地再揉幾下，均勻鋪平到烤模中。將卡士達奶油用球型打蛋器稍微再攪拌一下，抹在底層的麵團上，排好3個蘋果的切片，在上面倒上蘋果泥。最後均勻地撒上奶酥。蓋好，靜置20-30分鐘，再次發酵到麵團體積又增加1/3為止。這時候，把烤箱預熱到攝氏 180度。

7. 放進預熱好的烤箱中間層，大約烤40分鐘，直到烤出金黃色澤為止。用幾球尚提伊鮮奶油　（如果有用的話）裝飾，再篩撒上糖粉。

小訣竅：事先準備

卡士達奶油、榛果奶酥以及蘋果泥都可以在前一兩天先準備好。製作完畢、蓋好放入冰箱備用。烘焙當天只要準備麵團以及上層配料，就能送進烤箱烘烤。

▼

抹茶布朗尼

加夏威夷豆

600g無鹽奶油，另外多準備一些用來塗抹烤盤 • 125g中筋麵粉 • 60g可可粉 • 60g抹茶粉，另外多準備一些用來篩撒 • 400g白巧克力 • 11個蛋 • 45g細砂糖 • 400g黃砂糖（二砂） • 3½湯匙榛果油，或無味蔬菜油 • 200g夏威夷豆 • 糖粉，用來篩撒

製作份量：20個　　準備時間：45分鐘 + 冷卻　　烘烤時間：40分鐘

1. 烤箱預熱到攝氏200度，在烤盤鋪上抹奶油。將麵粉和可可粉及抹茶粉一起過篩。把奶油及巧克力切碎，放入一個耐熱的碗中，以小火隔水加熱融化（碗不直接接觸水面）。

2. 用手持電動打蛋器，把蛋與細砂糖及黃砂糖一起放在碗中，打出滑順質地。分次把融化的奶油與巧克力及榛果油拌入蛋與糖的混合物中。然後再小心地把麵粉混合物也切拌進來。最後切碎堅果，同樣要切拌進來。

3. 把麵糊倒入烤盤中抹平。放進預熱好的烤箱中間層，大約要烤40分鐘。從烤箱取出後留在烤盤上冷卻。

4. 要食用時，切成5平方cm的布朗尼方塊，篩撒上一些抹茶粉及糖粉。如果你想要的話，撒一些焦糖化的夏威夷豆在布朗尼上，或滴上一些焦糖醬（請參考右頁的小訣竅）。

小訣竅：用來做底層

各種形式的布朗尼都非常適合用作絢麗的水果蛋糕底層。只要用平常的方式做出布朗尼，然後用切模切出你要的形狀，或直接用圓形烤模來做。然後用任何你喜歡的巧可力來做澆淋用糖汁，再放上厚厚一層的水果，例如蘋果、覆盆子或藍莓等。

小訣竅：其他裝飾的選項

布朗尼也可以用焦糖化的夏威夷豆來裝飾。用與焦糖榛果（請參考191頁）一模一樣的作法來做。用焦糖醬（請參考43頁）來裝飾也會讓布朗尼看起來不同凡響。

▼

罌粟籽塔

加西洋梨

塔皮：150g無鹽奶油，切碎，另外多準備一些用來塗抹塔模 • 100g糖粉 • 30g杏仁粉 • 1個蛋 • 250g中筋麵粉，另外多準備一些用來篩撒

上層配料及裝飾：90g粗磨杜蘭小麥粉 • 90g磨碎罌粟籽，另外多準備一些用來裝飾 • 40g杏仁粉 • 1小撮肉桂粉 • 1小撮鹽 • 670ml牛奶 • 40g無鹽奶油 • 120g細砂糖 • 1條香草莢份量的香草籽 • 1個大的蛋 • 4個成熟的西洋梨 • 尚提伊鮮奶油（參閱62頁） • 杏仁片，裝飾用 • 2湯匙糖粉

用具：直徑26cm的塔模 • 烘焙重石、乾豆或生米

製作份量：12人份　準備時間：30 分鐘 + 2小時冷藏 + 冷卻　烘烤時間：40-50分鐘

1. 製作塔皮，把奶油、糖粉放入裝有麵團勾的攪拌器碗中拌揉。先加入杏仁粉拌揉，然後再揉進蛋。最後，篩入麵粉，把所有食材迅速地揉合出滑順的質地。把麵團整成一個圓球、壓平，用保鮮膜包好，放入冰箱最少冷藏2小時。

2. 烤箱預熱到攝氏180度，在塔模內抹奶油。在撒有薄薄麵粉工作臺上，或是在兩張保鮮膜之間，把麵團擀成5mm的厚度，然後鋪在塔模中。切除多餘的塔皮，再用叉子在塔皮四處都戳幾下。

3. 把塔皮放進預熱好的烤箱中間層，空烤約10分鐘（參閱59頁）。把烘焙重石及烘焙油紙移除，然後繼續烤10-12分鐘，直到烤出金黃色澤為止。取出烤箱後留在塔模中冷卻。把烤箱溫度調高到攝氏210度。

4. 這時候，準備上層配料，把粗磨杜蘭小麥粉、罌粟籽、杏仁粉、肉桂粉及鹽全部混合。再把牛奶、奶油、糖及香草籽用平底鍋煮沸。加入粗磨杜蘭小麥粉混合物，過程中要不斷攪拌，煮沸後離火，用手持電動打蛋器攪拌到混合物降溫。在還微溫的時候，拌入雞蛋。

5. 把西洋梨削皮後切成8片，去心。把西洋梨切片以扇狀排列在塔皮上，在上方倒入粗磨杜蘭小麥粉混合物，抹平。在工作臺上輕敲塔模幾下，讓氣泡排出。

6. 放入烤箱中間層空烤約20分鐘。從烤箱取出後留在塔模中冷卻，之後再脫模。把罌粟籽拌入尚提伊鮮奶油，來做裝飾。把它抹在塔的邊緣一圈再撒上杏仁片。把糖粉和1湯匙的水攪拌均勻，滴在杏仁片上即可食用。

▼

可頌甜甜圈

日本柚子果凍香草鮮奶油夾心

製作份量：約10個　　準備時間：70分鐘 + 3 小時發酵 + 40分鐘油炸 + 冷卻

千層酥皮麵團（酵母麵團）及油炸：500g中筋麵粉，另外多準備一些用來篩撒
• ½茶匙鹽 • 200ml牛奶 • 70g細砂糖 • 30g新鮮酵母 • 1個蛋 • 30g室溫無鹽奶油
• 2公升的無味蔬菜油，油炸用 • 4湯匙糖粉

千層酥皮麵團（奶油麵團）：400g無鹽奶油 • 120g中筋麵粉

香草鮮奶油：60g細砂糖 • 3個蛋黃 • 25g香草奶凍粉 • ½條香草莢份量的香草籽 • 250ml牛奶

製作日本柚子果凍：350ml日本柚子酒（可以從郵購、大型超市、日本食材專賣店購買）
• 125ml蘋果汁 • 1湯匙堆得尖尖的洋菜粉

用具：8cm圓形甜甜圈切模，或4cm與8cm圓形切模 • 廚房用溫度計（非必要）
• 2個擠花袋和中型圓花嘴

1. 參閱217頁，依照步驟說明，製作可頌甜甜圈，準備酵母麵團及奶油麵團，依照烘焙時的情形而定，靜置發酵或冷藏。

2. 製作香草鮮奶油，把1/3的糖、蛋黃及香草奶凍粉在碗裡攪拌均勻。用刀子把香草莢縱切剖開，再刮出香草籽。把香草莢、刮出來的香草籽及牛奶放入平底深鍋中，再加入剩下2/3的砂糖，煮到沸騰，過程中要不斷攪拌。把香草夾取出，再把剛煮滾的牛奶倒入蛋黃混合物中，全程要用球型打蛋器不斷攪拌。再把它倒回平底深鍋中加熱，稍微煮沸一下，讓質地變濃稠。最後，立刻把鍋中的混合物倒入一個冷的碗裡。用保鮮膜直接覆蓋在表面，放入冰箱冷藏。

3. 製作日本柚子果凍，把日本柚子酒、蘋果汁及洋菜粉煮沸約2分鐘（正確的烹煮時間請參考包裝指示）。靜置冷卻後，倒入碗中，再放進冰箱待果凍凝固。然後切成塊狀，放入深杯中用手持電動攪拌器打出滑順質地。把果凍蓋好，放入冰箱冷藏。

4. 接續製作酵母麵團及奶油麵團（參閱217頁）的步驟。把麵團擀平，摺疊起來（單摺及雙摺），再按照步驟指示冷藏。把麵團擀出3-4mm的厚度，用切模切成8cm的環。翻面後蓋好，放入冰箱10分鐘。

5. 這時，把油倒入在深鍋中準備油炸，把油加熱到攝氏180度，讓溫度保持穩定。用溫度計監控溫度，或是把木湯匙放入油中，如果油溫夠高，就會看到木匙上有細小的泡泡升起。小心地分批油炸麵團圈，每一面在熱油中炸4分鐘，把麵團炸出金黃色澤，用漏杓翻面。用漏杓把甜甜圈取出，滴乾上面的油，再放到廚房紙巾上把油吸乾。

6. 要在可頌甜甜圈內裝填夾心，用球型打蛋器劇烈地把香草鮮奶油打出滑順的質地，然後過篩。日本柚子果凍也照同樣方式打到滑順。把這兩種食材分別放入裝有中型圓花嘴的擠花袋。可頌甜甜圈橫切對半。在下半邊可頌甜甜圈上，交錯地擠上幾球這兩種不同內餡，再把上半邊可頌甜甜圈蓋回去。

7. 把糖粉加水調成糖霜，作為上半邊可頌甜甜圈的糖汁塗層。

▼

藍莓蛋糕

加卡士達奶油

卡士達奶油：80g細砂糖 • 3個蛋黃 • 1湯匙堆得尖尖的香草奶凍粉 • ½條香草莢 • 330ml牛奶

蛋糕本體：300g無鹽奶油 • 200g蕎麥粉（參考小訣竅） • 2茶匙泡打粉 • 500g黃砂糖（二砂） • 200g杏仁粉 • 1小撮鹽 • 500g室溫蛋白（盒裝） • 500g新鮮或解凍後的藍莓，另外多準備一些新鮮藍莓，裝飾用 • 糖粉，用來篩撒

用具：30×20cm；深的長方形蛋糕模，或是26cm活動蛋糕烤模 • 擠花袋和中型圓花嘴

製作份量：12-15人份　準備時間：40 分鐘 + 冷卻　烘烤時間：45分鐘

1. 製作卡士達奶油，把1湯匙的砂糖、蛋黃及香草奶凍粉倒入碗中，用球型打蛋器攪拌均勻。把香草莢縱切剖開在刮出香草籽。把牛奶倒入平底深鍋中，加入香草莢、刮出來的香草籽，以及剩下的砂糖，一起煮到沸騰，過程中要要不斷攪拌。把香草夾取出，把煮滾的牛奶倒入蛋黃混合物中，全程要一邊劇烈地攪拌。再把全部倒回平底深鍋中加熱，且不斷地攪拌，再稍微煮沸一下。煮沸後立刻倒入一個冷的碗裡。用保鮮膜直接覆蓋在表面上，靜置冷卻。

2. 烤箱預熱到攝氏180度。在烤模底部鋪上烘焙油紙。要製作蛋糕本體，把奶油放入平底深鍋中，以中火加熱到呈現金黃色澤。把平底鍋移開火源，讓奶油稍微放涼，它的顏色會隨著時間持續變深一點。

3. 把蕎麥粉、泡打粉、黃砂糖、杏仁粉及鹽倒入碗中混合。加入蛋白及奶油，用手持電動打蛋器把所有食材都打出滑順質地。把麵糊倒入烤模中，整平。把500g的藍莓平均鋪在麵糊上，稍微輕壓一下。

4. 放進預熱好的烤箱中間層，要烤15分鐘。在這段期間內，把卡士達奶油用打蛋器再次打出滑順質地，然後過篩，再放入裝有中型圓花嘴的擠花袋內。

5. 把蛋糕從烤箱內取出，每隔2cm擠上卡士達奶油。不要擠太多，以免溢出蛋糕表面。再放入烤箱，大約烤30分鐘，直到烤出金黃色澤且熟透為止。從烤箱取出後，讓蛋糕留在烤模內冷卻。篩撒上糖粉並用新鮮藍莓來做裝飾。

小訣竅：蕎麥粉

蕎麥粉帶有細緻的堅果香氣，非常適合用來烘焙。但因為蕎麥缺乏麩質，是無法取代麵粉的，所以可在蛋糕中把蕎麥加入其他有黏性的食材。

▼

日本柚子塔

配抹茶與白巧克力

製作份量：12人份　準備時間：40分鐘 + 28小時冷藏 + 冷卻　烘烤時間：25-30分鐘

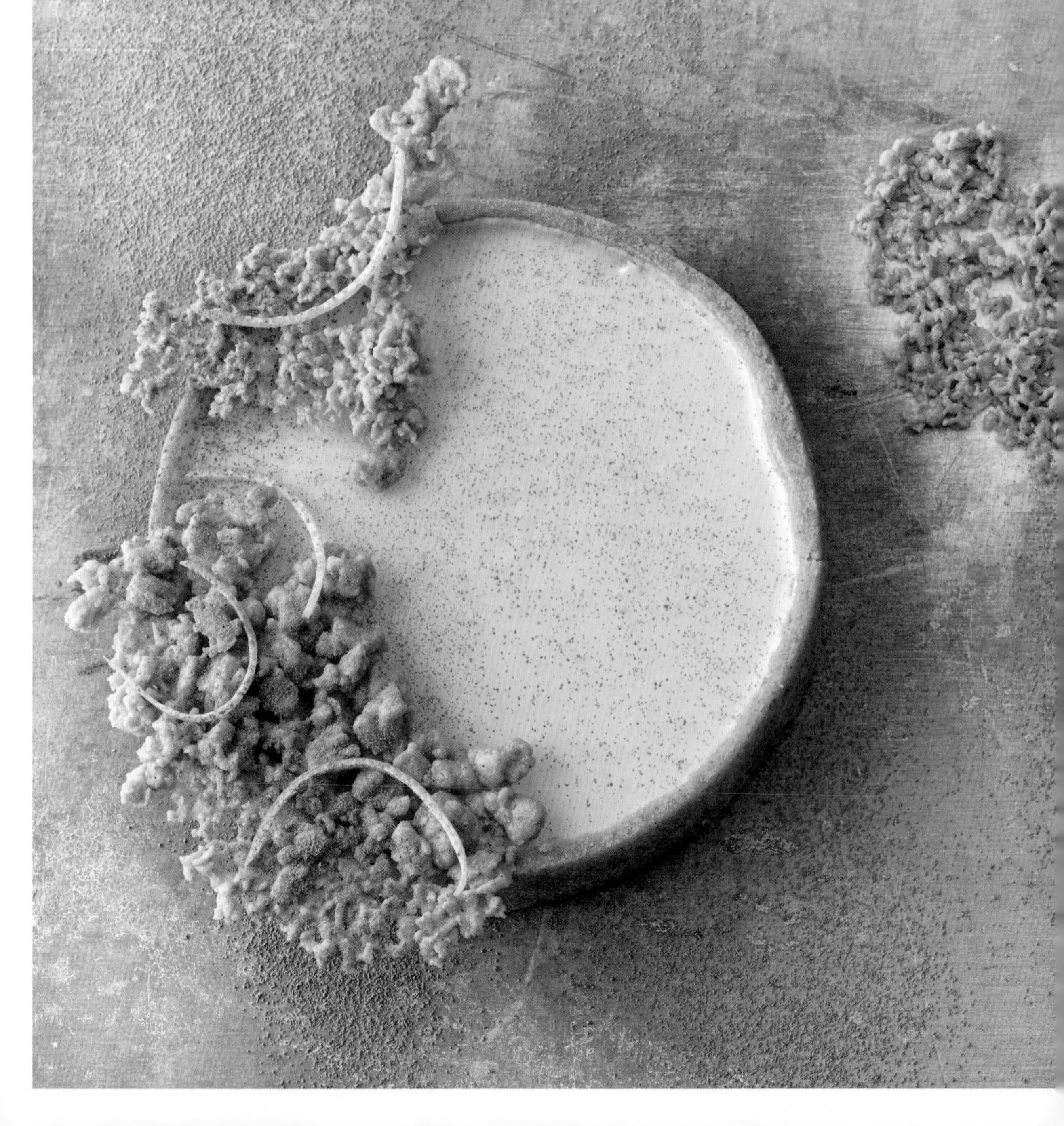

甘納許：350g白巧克力 • 10g可可脂（在健康食品店購買） • 350g重乳脂鮮奶油 • 10g葡萄糖漿
• 3½湯匙日本柚子酒（可以從郵購、大型超市、日本食品專賣店購買）
塔皮：135g無鹽奶油，切碎，另外多準備一些用來塗抹塔模 • 80g糖粉 • 1個蛋 • 2茶匙香草粉
• 1小撮鹽 • ½條香草莢份量的香草籽 • 225g中筋麵粉，另外多準備一些用來篩撒
• 30g杏仁粉 • 20g抹茶粉
奶酥及裝飾：100g無鹽奶油，切小塊 • 200g中筋麵粉 • 85g黃砂糖（二砂）
• 2茶匙香草粉 • ½湯匙抹茶粉，另外多準備一些用來裝飾 • 萊姆皮，裝飾用
果凍：3張吉利丁片 • 175ml日本柚子酒（可以從郵購、大型超市、日本食品專賣店購買） • 25g細砂糖
用具：28cm塔模 • 烘焙重石、乾豆或生米

1. 提前一天，把巧克力切碎，連同可可脂放入耐熱的碗中，準備製作白巧克力甘納許。把200g的重乳脂鮮奶油和葡萄糖漿及日本柚子酒放入平底深鍋中煮沸，倒入巧克力中，靜置2分鐘。用手持電動攪拌器慢慢地分次拌入剩餘的鮮奶油。操作時盡量避免拌入空氣。蓋好後放入冰箱冷藏至少24小時。

2. 第二天準備製作塔皮，把奶油、糖粉、蛋、香草粉、香草籽及鹽放入碗中，用裝了麵團勾的攪拌器，快速揉出滑順的質地。加入麵粉、杏仁粉及抹茶粉，然後把所有食材迅速地揉出滑順的質地。把麵團整成一個圓球、壓平，用保鮮膜包好，放入冰箱最少冷藏2小時。

3. 烤箱預熱到攝氏190度，在塔模內抹奶油。在撒有薄薄的麵粉工作臺上，或是在兩張保鮮膜之間，把將麵團擀成5mm厚的圓，然後鋪在塔模內。切除多餘的塔皮，再用叉子在整個塔皮四處都戳幾下。

4. 把塔皮放進預熱好的烤箱中間層，空烤約10分鐘（參閱59頁步驟）。把烘焙重石及烘焙油紙移除，然後繼續烤5-10分鐘，直到烤出金黃色澤為止。從烤箱取出塔皮後，留在塔模中冷卻。

5. 這時候來製作奶酥，用手止或是裝有麵團勾的攪拌機，把所有食材攪拌至碎塊狀（在這個步驟先不放入裝飾用的萊姆皮）。放到鋪好烘焙油紙的烤盤上，烤10分鐘。

6. 很快地用手持電動打蛋器的中速，把甘納許打出扎實、滑順綿密的質地。把甘納許放入塔皮內，抹平。放入冰箱最少冷藏1小時。

7. 製作日本柚子果凍，把吉利丁片泡入冷水10分鐘。把日本柚子酒及糖放入平底深鍋中煮到沸騰就離火。把吉利丁片擠乾，溶入溫熱的柚子酒混合物中。待溫度下降至微溫時，小心地倒在塔上，再放入冰箱1小時。小心地為塔脫模後，撒上抹茶粉、奶酥及萊姆皮。

千層蛋糕

搭配李子醬

製作份量：12-16人份　　準備時間：1小時 + 30小時冷藏 + 冷卻　　烘烤時間：35分鐘

小訣竅：底層的大小

千層酥皮夾層烤的時候會稍微收縮，所以會變得比油酥麵團的底層還小一點點。在這道食譜中，千層酥皮與塔模之間的間隙，我們就用奶油填滿。

千層酥皮麵團（基礎麵團或包覆麵團）：40g無鹽奶油 • 1茶匙鹽 • 250g中筋麵粉
千層酥皮麵團（奶油麵團）：160g無鹽奶油 • 50g中筋麵粉
油酥麵團：90g無鹽奶油，切碎 • 55g糖粉 • 1個蛋，外加一個蛋黃 • 1小撮鹽 • ½條香草莢份量的香草籽 • 150g中筋麵粉，另準備一些，用來篩撒 • 20g杏仁粉
內餡及裝飾：400g重乳脂鮮奶油 • 35g細砂糖 • 1茶匙香草粉 • 1條香草莢份量的香草籽 • 3張吉利丁片 • 400g李子醬 • 鏡面糖霜（參閱219頁），裝飾用
用具：26cm中空圈模或活動蛋糕烤模

1. 提前一天，先準備千層酥皮麵團的底層（包覆麵團），請參考216頁步驟說明。

2. 第二天，準備奶油麵團，請參考216頁步驟說明。放入冰箱冷藏。

3. 製作油酥麵團，把奶油、糖粉、雞蛋、鹽及香草籽放入攪拌器的碗中，用麵團勾拌揉。加入杏仁粉及麵粉，然後把所有食材迅速地揉合出滑順質地。把麵團整成一個圓球、壓平，用保鮮膜包好，放入冰箱最少冷藏2小時。

4. 接下來完成千層酥皮麵團，將包覆麵團和奶油麵團按照216頁的步驟處理，也就是把麵團擀平、摺疊（單摺及雙摺），放入冰箱冷藏。

5. 烤箱預熱到攝氏190度。在烤盤上鋪烘焙油紙。在撒有薄薄的麵粉工作臺上，或是在兩張保鮮膜之間，把油酥麵團擀到5mm的厚度，用中空圈模切出一個直徑26cm的圓。把圓形派皮放在烤盤上，用叉子在各處都戳幾下，然後放進預熱好的烤箱中間層，大約烤8分鐘，直到烤出金黃色澤為止。取出烤箱後，放在網架上冷卻。

6. 把烤箱溫度調高到攝氏220度，在2個烤盤上鋪好烘焙油紙。把千層酥皮麵團擀成7mm厚的一大片，然後切出2個26cm的圓。把圓形酥皮麵團翻面，放在烤盤上，只在上面刷上蛋黃。蛋黃不可以沾到麵皮邊緣，不然烤的時候會阻礙麵皮順利發起來。把千層酥皮麵團放進預熱好的烤箱中間層，大約烤25分鐘，直到烤出金黃色澤為止。取出烤箱後，放在網架上冷卻。將2張千層酥皮分別水平橫切成兩半，總共會切出4張千層酥皮。

7. 製作內餡，把350g鮮奶油連同糖、香草粉、香草籽放入碗中，打發成形。把吉利丁片泡入冷水，擠乾。加熱剩下的50g鮮奶油，放入吉利丁，讓它溶解，然後分次把熱的鮮奶油拌入打發的鮮奶油。

8. 把中空圈模放在烘焙油紙上的油酥塔皮外圍。在塔皮上塗4-5湯匙的李子醬。把一張千層酥皮放在上面，然後在上面再塗上李子醬。將1/3的鮮奶油抹在上面。再放上另一張層千層酥皮，塗上李子醬及剩下的內餡奶油，要確實地連邊緣都用鮮奶油填滿。在第三張層千層酥皮上，塗上果醬並用點狀的鏡面糖霜裝飾。把這張千層酥皮依照想要的大小切成12-16等分，然後依角度以扇形排列在蛋糕上。（把最後一張圓形千層酥皮包好，放入冷凍庫待下次使用。）把蛋糕蓋好，放入冰箱冷藏最少4小時。食用時把中空圈模移除。

▼

櫻桃巧克力塔

加義大利紅酒醋

塔皮：150g無鹽奶油，切碎，另外多準備一些，用來塗抹塔模 • 100g糖粉 • 1個蛋 • 30g杏仁粉 • 250g中筋麵粉，另外多準備一些用來篩撒

內餡：140g黑巧克力（65%可可固形物） • 100g重乳脂鮮奶油 • 80g酸櫻桃果泥（10%糖，參閱219頁） • 3½湯匙陳年義大利紅酒醋 • 40g冰的無鹽奶油 • 250g新鮮櫻桃

奶酥及裝飾：100g 無鹽奶油，切小塊 • 180g 中筋麵粉 • 30g 榛果粉 • 85g黃砂糖（二砂） • 1½茶匙香草粉 • 牛奶巧可力刨花，裝飾用

用具：3個直徑10cm小塔模 • 烘焙重石、乾豆或生米 • 擠花袋和小型圓花嘴

製作份量：3個　　準備時間：40分鐘 + 4 小時冷藏 + 冷卻　　烘烤時間：25-30分鐘

1. 製作塔皮，把奶油、糖粉及蛋放入碗中用手或裝了麵團勾的攪拌器，快速揉合出滑順質地。加入麵粉、杏仁粉，然後把所有食材迅速地揉出滑順質地。把麵團整成一個圓球、壓平，用保鮮膜包好，放入冰箱最少冷藏2小時。

2. 烤箱預熱到攝氏180度，在塔模內抹上奶油。在撒有薄薄麵粉工作臺上，或是在兩張保鮮膜之間，把麵團擀平成5mm厚的圓，然後鋪在塔模上。切除多餘的塔皮，再用叉子在整個塔皮四處都戳幾下。

3. 把塔皮放進預熱好的烤箱中間層，空烤約10分鐘（參閱59頁作法）。把烘焙重石及烘焙油紙移除，然後繼續烤5-10分鐘，直到烤出金黃色澤為止。從烤箱取出後，留在塔模中冷卻。

4. 這時候，把用來做內餡的巧克力切碎。把鮮奶油及酸櫻桃果泥用平底深鍋煮沸。離火後再慢慢把煮沸的鮮奶油和果泥倒入巧克力中，用手持攪電動拌機，攪拌出滑順的質地，注意不要拌入空氣。依照個人口味，酌量加入1-2湯匙義大利紅酒醋。把奶油切碎，再把奶油拌入巧克力混合物中。

5. 把櫻桃洗淨去籽。把2/3的櫻桃均分在塔皮中，填入巧克力奶油內餡並抹平。把剩下的櫻桃放在塔上，輕壓一下讓櫻桃稍微陷入奶油中。

6. 把塔放入冰箱最少冷藏2小時。這時候，準備製作奶酥（請參考161頁作法）。食用前，把義大利紅酒醋放入裝有小型圓花嘴的擠花袋，然後注入塔上凸起的櫻桃中心，也就是原本櫻桃籽的位置。用奶酥及牛奶巧可力刨花裝飾。

▼

覆盆子刺蝟蛋糕

加巧克力牛軋糖糖霜

製作份量：12個　準備時間：1小時 + 26小時冷藏 + 3小時冷凍 + 冷卻　烘烤時間：8分鐘

甘納許：220g白巧克力 • 10g可可脂（在健康食品店購買） • 400g重乳脂鮮奶油 • 10g葡萄糖漿 • 230g覆盆子醬 • 1½湯匙覆盆子利口酒

巧克力油酥麵團：200g無鹽奶油，切碎 • 100g細砂糖 • 1個小的蛋 • 250g中筋麵粉，另外多準備一些用來篩撒 • 50g 可可粉

糖霜：250g牛奶巧克力 • 250g黑巧克力 • 250g牛軋糖 • 150ml牛奶 • 150g重乳脂鮮奶油

裝飾：約600g新鮮覆盆子 • 200g重乳脂鮮奶油 • 1茶匙香草粉 • 牛奶 • 白巧可力刨花，裝飾用

用具：2個6連半圓矽膠模（每個圓孔直徑6cm） • 擠花袋和中型圓花嘴

1. 提前一天，把巧克力切碎，連同可可脂放入耐熱的碗中，準備製作白巧克力甘納許。把250g的重乳脂鮮奶油和葡萄糖漿一起煮沸後，倒入巧克力中，靜置2分鐘。用手持電動攪拌器慢慢地分次拌入剩餘的鮮奶油。操作時盡量避免拌入空氣。蓋好後放冰箱冷藏至少24小時。

2. 第二天，製作油酥麵團，把奶油、糖及雞蛋放入攪拌器的碗中，用麵團勾拌揉。加入麵粉及可可粉，然後把所有食材迅速地揉出滑順質地。把麵團整成一個圓球、壓平，用保鮮膜包好，放入冰箱最少冷藏2小時。

3. 烤箱預熱到攝氏190度。在烤盤鋪烘焙油紙。在撒有薄薄的麵粉工作臺上，或是在兩張保鮮膜之間，把油酥麵團擀平到5mm厚，用模切出12個6cm的圓形。把圓形派皮放在烤盤上，放進預熱好的烤箱中間層烤約8分鐘，直到烤出金黃色澤為止。取出烤箱後，放在網架上冷卻。

4. 用手持電動打蛋器把甘納許，以中速稍微打一下，然後拌入覆盆子醬及匙覆盆子利口酒，打出扎實、滑順綿密的質地。把甘納許填入半圓矽膠模，然後分別在上面放圓形的油酥派皮。放入冷凍庫內3小時。

5. 製作巧克力糖霜，把兩種巧克力及牛軋糖細細切碎。把牛奶及重乳脂鮮奶油放入平底深鍋中煮沸，拌入巧克力讓它融化。再加入牛軋糖，用手持電動攪拌器攪拌均勻，注意不要拌入空氣。靜置，讓它稍微降溫。

6. 要組裝刺蝟蛋糕，在烤盤或烘焙油紙上放網架。把冷凍的蛋糕脫模後放在網架上，淋滿溫的糖霜。放上覆盆子（開口面朝下），黏滿每一個小蛋糕。把重乳脂鮮奶油及香草粉用手持電動打蛋器的中速打發，放入裝有中型圓花嘴的擠花袋，擠一點點在覆盆子之間的空隙中。用白巧可力刨花做裝飾。

▼

杏桃蛋糕

加蕎麥及檸檬馬鞭草

上層配料：500g杏桃 • 5片檸檬馬鞭草葉（參閱小訣竅） • 100g細砂糖
蛋糕本體：310g無鹽奶油，另外多準備一些，用來塗抹烤模
• 100g蕎麥粉，另外多準備一些，用來篩撒烤模 • 210g細砂糖
• 5個蛋 • 130g中筋麵粉 • 1茶匙泡打粉 • 100g 酸奶油
糖汁及裝飾：4湯匙杏桃果醬 • 檸檬馬鞭草葉，裝飾用 • 糖粉，用來篩撒
用具：28cm活動蛋糕烤模

製作份量：16人份　準備時間：30分鐘 + 24小時醃漬 + 冷卻　烘烤時間：50分鐘

1. 提前一天，先準備杏桃做上層配料，把杏桃對半切、去核。把檸檬馬鞭草葉放入平底深鍋中，加入100ml的水及糖，煮沸。放入杏桃，冷卻後，蓋好放入冰箱冷藏24小時。

2. 第二天，烤箱預熱到攝氏180度。在蛋糕烤模內抹奶油，撒上一點麵粉，再抖掉多餘的麵粉。

3. 把奶油、糖打到乳化，慢慢地分次把蛋拌入。把麵粉、蕎麥粉及泡打粉混合。把酸奶油拌入奶油與蛋的混合物中，最後也把麵粉混合物切拌進來。

4. 把麵糊舀入烤模中，放進預熱好的烤箱中間層，大約要烤50分鐘，直到烤出金黃色澤為止。把蛋糕留在烤模內冷卻。

5. 把杏桃瀝乾，鋪在蛋糕上。用小的平底深鍋加熱杏桃果醬，然後過篩。把過篩後得到的糖汁在杏桃外刷上一層。用檸檬馬鞭草葉裝飾，再篩撒上糖粉。

小訣竅：帶有新鮮柑橘香氣的香草

檸檬馬鞭草帶有怡人的柑橘類水果香氣，所以絕對適合加入夏日的蛋糕或飲品中。你可以在花市買到種子或盆栽，可以種在窗邊或花園裡。另外，這道食譜裡的檸檬馬鞭草，也可以改用檸檬薄荷草。

馬卡龍、可頌甜甜圈、千層派
或是焦糖烤布蕾——
用這章裡的食譜做出的甜點，
絕對會讓你的賓客驚呼連連。
更不用說，
如果你能快速做出本章任一道甜點並端上桌，
那就應該頒發「奧斯卡烘焙獎」給你！

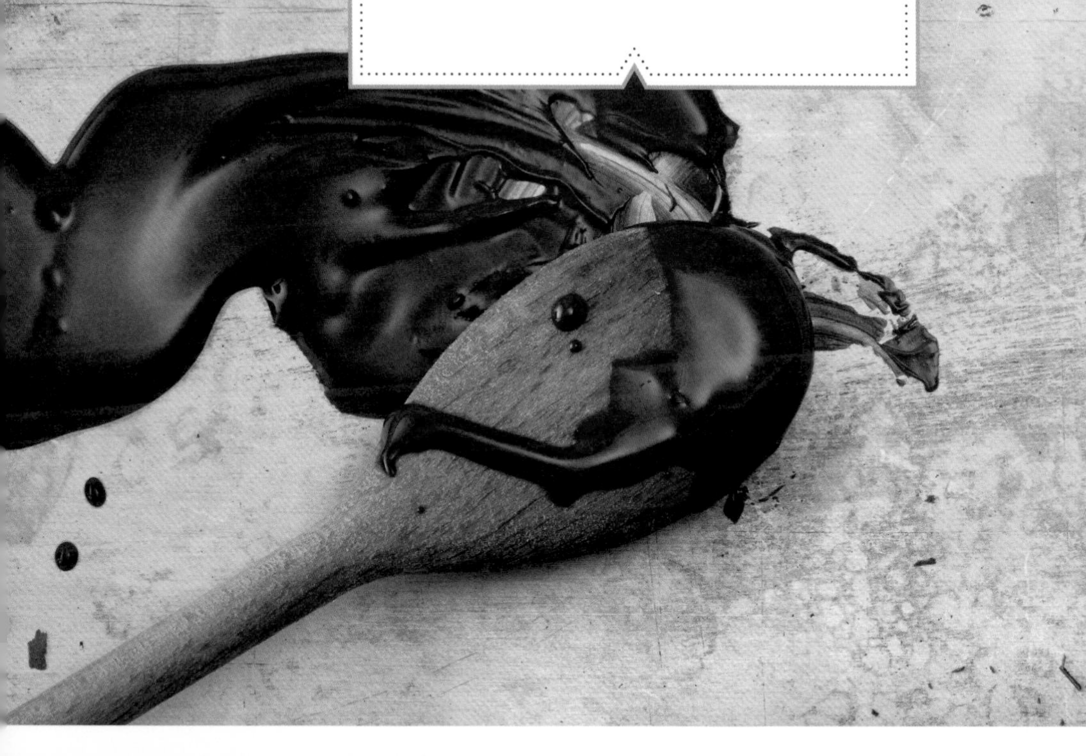

▼

馬卡龍

巧克力或牛軋糖內餡

馬卡龍：300g杏仁粉TPT（tant pour tant，參閱179頁）• 300g糖粉 • 50g可可粉
• 220g蛋白（盒裝，或是約6個雞蛋的蛋白）
• 一點點巧克力色食用色素，液態或粉狀（只有內餡是巧克力的馬卡龍才需要）• 340g細砂糖
巧克力甘納許（50個馬卡龍）：75g黑巧克力（70%可可固形物）• 100g牛奶巧克力
• 100g重乳脂鮮奶油 • 30g葡萄糖漿（參閱219頁）• 2湯匙貝禮詩奶酒 • 30g無鹽奶油
牛軋糖甘納許（50個馬卡龍）：50g牛奶巧克力 • 100g牛軋糖 • 100g重乳脂鮮奶油
• 2湯匙葡萄糖漿（參閱219頁）• 2湯匙貝禮詩奶酒 • 30g無鹽奶油
用具：製糖溫度計或廚房用溫度計 • 可重複使用的矽膠烘焙油紙或矽膠烤墊
• 擠花袋和6mm及8mm型圓花嘴

製作份量：50個　準備時間：1小時 + 24小時冷藏　烘烤時間：30分鐘

1. 製作馬卡龍，把杏仁粉TPT、糖粉及可可粉倒入裝有麵團勾的攪拌器的碗中混合。加入110g的蛋白，充分地攪拌成像杏仁膏那樣的混合物。如果是製作巧克力內餡的馬卡龍，加入幾滴巧克力色食用色素，然後繼續攪拌到它呈現濃濃的巧克力色（如果你是用色素粉，先把它和極少的水混合）。如果混合物還是很硬，就再攪拌久一點，直到軟化為止。

2. 把剩下的蛋白和40g細砂糖用裝有打蛋器的電動攪拌機，以中速打發到剛好成形即可，然後把機器關掉。把剩下的細砂糖及100ml的水倒入平底深鍋中，加熱到攝氏113度，用製糖溫度計或廚房用溫度計監控溫度。

3. 把裝有打得半硬的蛋白的攪拌機，再度調到中速，一邊攪拌、一邊以細流慢慢地倒入熱的糖漿。再把攪拌機調到中高速，打到混合物冷卻。

4. 把1/3的打發蛋白混合物倒入裝有杏仁混合物的碗中，用刮勺攪拌均勻。再把剩下的2/3打發蛋白混合物也切拌進來，混合均勻成可以擠花的質地。

5. 烤箱預熱到攝氏140度，不用風扇，在2個烤盤上鋪好矽膠烘焙油紙或矽膠烤墊。把馬卡龍混合物放入裝有6mm花嘴的擠花袋中，在烤盤上擠出直徑4cm，高5mm的圓形，每個間隔1-2cm。讓馬卡龍混合物稍微晾乾，直到輕碰的時候不黏手且表面形成一層皮為止。

6. 把一盤放有馬卡龍的烤盤，快速地放進預熱好的烤箱中間層，以免烤箱溫度下降。烤約15分鐘。當放馬卡龍形成漂亮的硬殼底部，就是烤好了。從烤箱取出後，靜置在網架上冷卻。第二個烤盤上的馬卡龍，也是比照同樣方式烘烤。靜置冷卻。保存在室溫下、密閉容器內備用，下一個步驟才會用到。

7. 要製作巧克力甘納許，把2種巧克力切碎，放入耐熱的碗中。把重乳脂鮮奶油和葡萄糖漿放入平底深鍋中煮沸，倒入巧克力中，把所有的東西攪拌成質地光滑的混合物，再拌入貝禮詩奶酒。奶油切碎後用手持電動攪拌機，把奶油也拌入前面的巧克力、奶酒混合物。用保鮮膜蓋好，放入冰箱冷藏至少24小時。

8. 要製作牛軋糖甘納許，把牛奶巧克力及牛軋糖切碎，放入耐熱的碗中。把重乳脂鮮奶油和葡萄糖漿放入平底深鍋中煮沸，再倒入切碎的牛奶巧克力及牛軋糖中，把所有東西攪拌成質地光滑的混合物後，再把貝禮詩奶酒拌進來。奶油切碎後，用手持電動攪拌機把奶油也拌入混合物中。用保鮮膜蓋好，放入冰箱冷藏至少24小時。

9. 裝填馬卡龍內餡，把甘納許提前30分鐘從冰箱取出，退冰回室溫。舀入裝有8mm花嘴的擠花袋中。把甘納許擠一些在馬卡龍的下半邊上，然後小心地蓋上上半邊（平的那一面朝下）。

檸檬馬鞭草加洋槐蜂蜜馬卡龍
（參閱187頁）

牛軋糖馬卡龍
（參閱本172頁）

覆盆子甘納許馬卡龍
（參閱本176頁）

藍莓芝麻馬卡龍
（參閱本186頁）

藝術家有作畫用的調色盤，

而糕點師則利用味道來調配、創造出他的藝術品。

抹茶百香果馬卡龍

（參閱180頁）

巧克力馬卡龍

（參閱172頁）

荔枝抹茶馬卡龍

（參閱182頁）

▼

馬卡龍

覆盆子甘納許

馬卡龍：350g杏仁TPT（tant pour tant，參閱179頁）• 350g糖粉 • 220g蛋白（盒裝，或是約6個雞蛋的蛋白）• 一點點紅色食用色素，液態或粉狀 • 340g細砂糖

覆盆子甘納許：190g白巧克力 • 150g覆盆子果泥（10%糖，參閱219頁）• 100g細砂糖 • 20g葡萄糖漿（參閱219頁）• 20g覆盆子粉 • 10g維他命C粉（抗壞血酸，藥房有售）• 125g冰的無鹽奶油

用具：製糖溫度計或廚房用溫度計 • 可重複使用的矽膠烘焙油紙或矽膠烤墊 • 擠花袋和6mm及8mm型圓花嘴

製作份量：50個　　準備時間：1小時 + 24小時冷藏　　烘烤時間：30分鐘

1. 參閱173頁的方式，按照步驟用杏仁TPT、糖粉、蛋白、食用色素及細砂糖製作馬卡龍。

2. 製作覆盆子甘納許，把巧克力切碎後，倒入耐熱的碗中，以小火隔水加熱融化（碗不直接接觸水面）。把覆盆子果泥、細砂糖、葡萄糖漿、覆盆子粉及維他命C粉，放入平底深鍋中，加熱到攝氏90度。

3. 把巧克力拌入覆盆子混合物中，加熱融化。奶油切碎後，用手持電動攪拌機拌入覆盆子、巧克力混合物中（注意不要拌入空氣）。蓋好後，放入冰箱冷藏至少24小時。

4. 裝填馬卡龍，把甘納許提前30分鐘從冰箱取出，退冰回室溫。舀入裝有8mm花嘴的擠花袋中。把甘納許擠一些在馬卡龍的下半塊上，然後小心地蓋上上半塊（平的那一面向下）。

小訣竅：內藏驚喜

如果你想要讓你的來賓驚喜一下，可以在下半塊的把馬卡龍上只擠上一圈中空的甘納許。在這個中央預留的空位放進半個新鮮的覆盆子，再小心地蓋上上半塊。做巧克力口味馬卡龍時，這麼做也很會好吃。

▼

馬卡龍

黑醋栗甘納許

馬卡龍：350g杏仁TPT（tant pour tant，參閱179頁）• 350g糖粉
• 220g蛋白（盒裝，或是約6個雞蛋的蛋白）• 一點點紫色食用色素，液態或粉狀 • 340g細砂糖
黑醋栗甘納許：150g黑醋栗果泥（10%糖，參閱219頁）• 120g超濃重乳脂鮮奶油 • 30g黑醋栗粉
• 1½湯匙黑醋栗香甜酒 • ½條香草莢份量的香草籽 • 200g白巧克力 • 130g冰的無鹽奶油
• 維他命C粉，依照個人口味酌量（抗壞血酸，藥房有售）
用具：製糖溫度計或廚房用溫度計 • 可重複使用的矽膠烘焙油紙或矽膠烤墊
• 擠花袋和6mm及8mm 型圓花嘴

製作份量：50個　準備時間：1小時 + 24小時冷藏　烘烤時間：30分鐘

1. 參閱173頁所述方式，用杏仁TPT、糖粉、蛋白、食用色素及細砂糖製作馬卡龍。

2. 製作黑醋栗甘納許，把黑醋栗果泥、超濃重乳脂鮮奶油、黑醋栗粉、黑醋栗香甜酒及香草籽放入平底鍋中加熱，但不要煮沸。把巧克力切碎，然後用耐熱碗以小火隔水加熱融化（碗不直接接觸水面）。

3. 把巧克力倒入黑醋栗混合物中，用木湯匙把所有的東西拌出光滑的質地。奶油切碎後，用手持電動攪拌機把奶油拌入巧克力混合物中，盡量不要拌入空氣。依照個人口味，酌量加入維他命C粉，蓋好後放入冰箱冷藏至少24小時。

4. 裝填馬卡龍，把甘納許提前30分鐘從冰箱取出，讓它退冰回室溫。舀入裝有8mm圓花嘴的擠花袋中。把甘納許擠一些在馬卡龍的下半塊上，然後小心地蓋上上半塊（平的那一面向下）。

小訣竅：百香果甘納許馬卡龍

你可以用相同的方法製作百香果甘納許馬卡龍，就用百香果果泥及百香果粉取代所有黑醋栗風味的食材。可以不使用黑醋栗香甜酒，因為百香果果泥含水量已經比黑醋栗果泥高。

▼

馬卡龍

在法式糕點的世界裡，
製作這些小小杏仁蛋白霜被許多人視為最高段專業技巧。
在巴黎這個城市裡，就有無數個糕點師競相製作最完美的馬卡龍。

檸檬馬鞭草馬卡龍
（參閱187頁）

抹茶馬卡龍
（參閱180頁）

覆盆子馬卡龍

（參閱本176頁）

小訣竅：杏仁TPT（tant pour tant）

製作馬卡龍的成敗關鍵，就在於杏仁TPT——即杏仁粉與糖粉混合物的品質。想要有最完美的成品，不要自己做杏仁TPT，最好是直接向網路零售商購買（參閱218頁）。

▼

抹茶馬卡龍

加百香果

馬卡龍：350g杏仁TPT（tant pour tant，參閱179頁）• 350g糖粉 • 220g蛋白（盒裝，或是約6個雞蛋的蛋白）• 一點點綠色食用色素，液態或粉狀 • 340g細砂糖

抹茶與百香果甘納許：300g白巧克力 • 100g百香果果泥（10%糖，參閱219頁）• 20g抹茶粉 • 10g葡萄糖漿 • 25g超濃重乳脂鮮奶油

用具：製糖溫度計或廚房用溫度計 • 可重複使用的矽膠烘焙油紙或矽膠烤墊 • 擠花袋和6mm及8mm型圓花嘴

製作份量：50個　　準備時間：1小時＋24小時冷藏　　烘烤時間：30分鐘

在我12年馬卡龍製作生涯中，我對這種法國第一流的國家級甜點，幾乎可說愈來愈癡迷。
我花了很多時間，努力要做出完美的馬卡龍，
因為馬卡龍的成功取決於多項要素：
從環境的溫度到烘焙的溫度、糖的溫度，或者甚至是溼度。
在本書中，我只選擇收錄我最完美的創作，而這一道食譜就是其中之一：
馬卡龍中有抹茶濃郁的草香味，搭配百香果酸酸的花香味。

1. 參閱173頁所述方式，用杏仁TPT、糖粉、蛋白、食用色素及細砂糖來製作馬卡龍。

2. 製作甘納許，把巧克力切碎，放入耐熱的碗中。把百香果果泥、抹茶粉、葡萄糖漿及重乳脂鮮奶油，倒入平底深鍋中煮沸。煮沸後，把混合物倒入碗中的巧克力內，再靜置2分鐘。用手持電動攪拌機把所有東西攪拌出滑順的質地。蓋好後放冰箱冷藏至少24小時。

3. 裝填馬卡龍內餡，把甘納許提前30分鐘從冰箱取出，退冰回室溫。舀入裝有8mm花嘴的擠花袋中。把甘納許擠一些在馬卡龍的下半塊上，然後小心地蓋上上半塊（平的那一面向下）。

▼

焦糖馬卡龍

加鹽之花

馬卡龍：320g杏仁TPT（tant pour tant，參閱179頁）• 320g糖粉 • 10g可可粉
• 220g蛋白（盒裝，或是約6個雞蛋的蛋白）• 340g細砂糖

焦糖甘納許：60g細砂糖 • 115g重乳脂鮮奶油 • 185g牛奶巧克力 • 20g可可脂（可在健康食品店買到）
• 100g冰的無鹽奶油 • 海鹽碎片，最好是鹽之花（fleur de sel），依照個人口味酌量

用具：製糖溫度計或廚房用溫度計 • 可重複使用的矽膠烘焙油紙或矽膠烤墊
• 擠花袋和6mm及8mm型圓花嘴

製作份量：50個　準備時間：1小時 + 24小時冷藏　烘烤時間：30分鐘

要做出精美、細緻的味道，
可以在裝填馬卡龍時，在甘納許上撒一點鹽之花，
靜置個幾小時後再裝填、上桌，讓內餡的風味有時間醞釀出來。

1. 參閱173頁所述方式，用杏仁TPT、糖粉、可可粉、蛋白及細砂糖製作馬卡龍。

2. 製作甘納許，把糖及2湯匙的水倒入平底深鍋中，用中火煮成深色的焦糖。倒入重乳脂鮮奶油，加熱、煮沸，讓焦糖融化。稍微放涼。

3. 把巧克力切碎，然後用耐熱的碗以小火隔水加熱融化（碗不直接接觸水面）。把融化的巧克力拌入焦糖中。奶油切碎後，用手持電動攪拌機也把奶油拌入。依照個人口味酌量加入1小撮鹽。用保鮮膜蓋好，放冰箱冷藏至少24小時。

4. 裝填馬卡龍，把甘納許提前30分鐘從冰箱取出，退冰回室溫。舀入裝有8mm花嘴的擠花袋中。把甘納許擠一些在馬卡龍的下半塊上，然後小心地蓋上上半塊，（平的那一面向下）。

荔枝馬卡龍

加抹茶

馬卡龍：325g杏仁TPT（tant pour tant，參閱179頁）• 325g糖粉 • 220g蛋白（盒裝，或是約6個雞蛋的蛋白）• 340g細砂糖

荔枝與抹茶甘納許：450g白巧克力 • 3張吉利丁片 • 230g荔枝果泥（10%糖，參閱219頁）• 200g超濃重乳脂鮮奶油 • 6個蛋黃 • 1茶匙維他命C粉（抗壞血酸，藥房有售）• 6g 抹茶粉 • 100g 冰的無鹽奶油

用具：製糖溫度計或廚房用溫度計 • 可重複使用的矽膠烘焙油紙或矽膠烤墊 • 擠花袋和6mm及8mm型圓花嘴

製作份量：50個　準備時間：1小時 + 24小時冷藏　烘烤時間：30分鐘

1. 參閱173頁所述方式，用杏仁TPT、糖粉、蛋白及細砂糖，製作馬卡龍。

2. 製作甘納許，把巧克力切碎。將吉利丁片泡入冷水10分鐘。把荔枝果泥、超濃重乳脂鮮奶油、蛋黃及維他命C粉放入平底深鍋中加熱，用廚房用溫度計監控溫度，不斷地攪拌，直到溫度達攝氏85度為止。

3. 擠乾吉利丁片，放入溫熱的荔枝果泥混合物中，加入抹茶粉，攪拌到吉利丁溶解為止。用手持電動攪拌機把巧克力拌入荔枝果泥中，直到巧克力融化為止。奶油切碎後也同樣拌入混合物中。用保鮮膜蓋好，放入冰箱冷藏至少24小時。

4. 裝填馬卡龍，把甘納許提前30分鐘從冰箱取出，退冰回室溫。舀入裝有8mm花嘴的擠花袋中。把甘納許擠一些在馬卡龍的下半塊上，然後小心地蓋上上半塊，（平的那一面向下）。

牛軋糖馬卡龍
（參閱172頁）

荔枝馬卡龍
（參閱左頁

巧克力馬卡龍
（參閱172頁）

藍莓馬卡龍

（參閱186頁）

荔枝馬卡龍
（參閱182頁）

小訣竅：做出優質甘納許

製作甘納許或是鮮奶油內餡時，當所有食材都混合均匀後，把混合物冷卻到攝氏40-45度，用廚房用溫度計監控溫度，再用手持電動攪拌機攪拌到乳化。如果溫度還是太高的話，會造成奶油分離出來。（水分子和脂肪沒有辦法在這種情況下融合，就無法做出滑順的甘納許。）

▼

藍莓馬卡龍

加芝麻

馬卡龍：350g杏仁TPT（tant pour tant，參閱179頁）• 350g糖粉
• 220g蛋白（盒裝，或是約6個雞蛋的蛋白）• 一點點深藍色食用色素，液態或粉狀 • 340g 細砂糖
藍莓芝麻甘納許： 350g白巧克力 • 225g藍莓果泥（10%糖，參閱219頁）
• 180g超濃重乳脂鮮奶油 • 1茶匙維他命C粉（抗壞血酸，藥房有售）
• 10g黑醋栗粉（參閱219頁）• 1湯匙烤胡麻油 • 200g冰的無鹽奶油
用具：製糖溫度計或廚房用溫度計 • 可重複使用的矽膠烘焙油紙或矽膠烤墊
• 擠花袋和6mm及8mm型圓花嘴

製作份量：50個　　準備時間：1小時 + 24小時冷藏　　烘烤時間：30分鐘

1. 參閱173頁所述方式用杏仁TPT、糖粉、蛋白、食用色素及細砂糖，製作馬卡龍。

2. 製作甘納許，把巧克力切碎，放入耐熱的碗中。把藍莓果泥、超濃重乳脂鮮奶油、維他命C粉、黑醋栗粉及胡麻油，放入平底深鍋中煮沸。煮沸後，倒入巧克力中，靜置2分鐘。

3. 用手持電動攪拌機把巧克力攪拌到融化且滑順。把奶油切小塊後，也拌入巧克力混合物中。覆蓋好放入冰箱，冷藏至少24小時。

4. 裝填馬卡龍，把甘納許提前30分鐘從冰箱取出，退冰回室溫。舀入裝有8mm花嘴的擠花袋中。把甘納許擠一些在馬卡龍的下半塊上，然後小心地蓋上上半塊（平的那一面向下）。

小訣竅：顏色的小巧思

藍色的馬卡龍小圓餅和深紫色藍莓芝麻甘納許的莓果色系，兩種色彩搭配起來效果格外突出，因為這實在是很棒的對比（參閱184頁）。絕對吸睛。

▼

檸檬馬鞭草馬卡龍

加洋槐蜂蜜

馬卡龍：350g杏仁TPT（tant pour tant，參閱179頁）• 350g糖粉
• 220g蛋白（盒裝，或是約6個雞蛋的蛋白）• 一點點檸檬黃色食用色素，液態或粉狀 • 340g細砂糖
檸檬馬鞭草甘納許：100ml牛奶 • 75g超濃重乳脂鮮奶油 • 3束檸檬馬鞭草 • 400g白巧克力
• 3張吉利丁片 • 50g細砂糖 • 25g洋槐蜂蜜 • 6個蛋黃 • 100g冰的無鹽奶油
用具：製糖溫度計或廚房用溫度計 • 可重複使用的矽膠烘焙油紙或矽膠烤墊
• 擠花袋和6mm及8mm型圓花嘴

製作份量：50個　　準備時間：1小時 + 24小時冷藏　　烘烤時間：30分鐘

1. 參閱173頁所述方式，用杏仁TPT、糖粉、蛋白、食用色素及細砂糖製作馬卡龍。

2. 製作檸檬馬鞭草奶油內餡，把牛奶及超濃重乳脂鮮奶油倒入平底深鍋中煮沸。離火後，放入檸檬馬鞭草，蓋上鍋蓋，在冰箱裡浸泡檸檬馬鞭草4小時讓它入味。

3. 把巧克力切碎，放入耐熱的碗中。把吉利丁片泡入冷水10分鐘。把檸檬馬鞭草混合物用細篩過濾到平底深鍋中。加入糖、蜂蜜及蛋黃後，加熱混合物，用溫度計監測溫度，不斷地攪拌，直到溫度達攝氏85度為止。

4. 離火後，把吉利丁片擠乾，放入溫熱的鮮奶油中溶化，再倒入巧克力中，用手持電動攪拌機把所有食材攪拌出滑順的質地。把奶油切小塊，也拌入這個巧克力、鮮奶油混合物中。蓋好奶油內餡，放冰箱冷藏至少24小時。

5. 裝填馬卡龍，把甘納許提前30分鐘從冰箱取出，退冰回室溫。舀入裝有8mm花嘴的擠花袋中。把甘納許擠一些在馬卡龍的下半塊上，然後小心地蓋上上半塊（平的那一面向下）。

▼

胡蘿蔔馬斯卡彭杯子蛋糕

搭配巧可力土壤

製作份量：12個　準備時間：30分鐘 + 1小時冷藏 + 冷卻　烘烤時間：35分鐘

蛋糕本體：150ml無味蔬菜油，另外多準備一些用來塗抹烤模（非必要）
• 2條胡蘿蔔，總共約250g • 220g中筋麵粉 • 1茶匙泡打粉 • 1茶匙小蘇打 • ½茶匙肉桂粉
• 1小撮現磨肉荳蔻粉 • 20g核桃，切碎 • 150g細砂糖 • 2個蛋 • ½個柳橙皮（磨成細屑） • 1小撮鹽

巧可力土壤：100g黃砂糖（二砂） • 200g 中筋麵粉 • 20g裸麥粉 • 40g可可粉
• 40g杏仁粉 • 100g無鹽奶油，切碎

馬斯卡彭鮮奶油：1½張吉利丁片 • 125g重乳脂鮮奶油 • 250g馬斯卡彭乳酪
• 25g細砂糖 • 2湯匙杏仁糖漿（例如使用 Monin ［法國糖漿品牌］）

裝飾：柳橙皮磨成細屑（非必要） • 核桃，切碎並焦糖化（參閱43頁）
• 迷你胡蘿蔔，削成薄片（最好包括綠色的蒂頭）

用具：12連馬芬烤模 • 12個馬芬襯紙（非必要） • 擠花袋和大的圓形或星形花嘴

1. 烤箱預熱到攝氏180度。在馬芬烤模內抹上油，或放上馬芬襯紙。

2. 把胡蘿蔔削皮後刨成細絲。把麵粉、泡打粉、小蘇打、肉桂粉、肉荳蔻粉及核桃混合。用手持電動打蛋器以中速把糖與蛋、柳橙皮及鹽在碗裡打10分鐘。再一邊打、一邊慢慢地加入油，再多打幾分鐘。最後先把胡蘿蔔絲切拌進來，再把麵粉混合物也切拌進來。

3. 把麵糊平均倒入馬芬烤模或馬芬襯紙中。放進預熱好的烤箱中間層，大約烤25分鐘。從烤箱取出後，留在烤模內冷卻。把烤箱溫度調高到攝氏190度。

4. 把所有製作巧可力土壤的食材，用指尖或裝有麵團勾的攪拌機，在碗裡混合成碎塊狀。在鋪好烘焙油紙烤盤上，平均地鋪開碎塊，放進預熱好的烤箱，大約烤10分鐘。靜置冷卻。

5. 這時候，把吉利丁片泡入冷水10分鐘，準備製作馬斯卡彭鮮奶油。用手持電動打蛋器，以中速把重乳脂鮮奶油在碗裡打發到剛好成形。把馬斯卡彭乳酪和糖在碗裡拌勻。把杏仁糖漿倒在平底鍋中，稍微加熱一下。把吉利丁片擠乾，放入微溫的杏仁糖漿中溶解。先把2湯匙的馬斯卡彭混合物拌入糖漿混合物中，再快速地把這些和剩餘的馬斯卡彭混合物拌在一起。最後，小心地把打發鮮奶油拌入馬斯卡彭、糖漿混合物中。蓋好，放入冰箱冷藏1小時，讓混合物凝固。

6. 組裝杯子蛋糕，用球型打蛋器把馬斯卡彭鮮奶油攪拌一下，舀入裝有圓形花嘴的擠花袋中。在每個杯子蛋糕上擠一些鮮奶油，再用巧可力土壤、柳橙皮（如果有用到的話）、焦糖核桃碎塊及胡蘿蔔薄片裝飾。

▼

可頌甜甜圈

果仁醬鮮奶油內餡與焦糖榛果

千層酥皮麵團（酵母麵團）：油炸和裝飾：500g中筋麵粉，另外多準備一些用來篩撒
• ½茶匙的鹽 • 200ml牛奶 • 70g細砂糖 • 30g新鮮酵母 • 1個蛋 • 30g室溫無鹽奶油
• 2公升的無味蔬菜油，油炸用 • 可淋式翻糖或鏡面糖霜（非必要，參閱219頁） • 牛奶巧克力刨花

千層酥皮麵團（奶油麵團）：400g無鹽奶油 • 120g中筋麵粉

焦糖榛果：200g細砂糖 • 300g去皮榛果 • 180ml無味蔬菜油 • 海鹽碎片，酌量

榛果鮮奶油：65g細砂糖 • 3個小的蛋黃 • 25g香草奶凍粉 • ½ 條香草莢份量的香草籽
• 250ml牛奶 • 250g榛果醬（60% 榛果，參閱218頁）

用具：8cm圓形甜甜圈切模，或4cm及8cm圓形切模 • 廚房用溫度計（非必要）
• 擠花袋和裝填用花嘴或中型圓花嘴

製作份量：約10個　　準備時間： 70分鐘 + 3小時發酵 + 40分鐘油炸 + 冷卻

1. 參閱217頁，依所述方式製作可頌甜甜圈，準備酵母麵團及奶油麵團，依烘焙環境而定，靜置發酵或冷藏。

2. 這時候，準備一張烘焙油紙，準備製作焦糖榛果。把糖與200ml的水放入平底深鍋中，煮到糖溶解為止。用中火加熱不沾鍋，再放入榛果，不斷晃動鍋子直到榛果變成金黃色為止。把糖漿倒入榛果中，持續加熱並晃動鍋子，加熱到糖漿變濃稠，但顏色尚未變深的程度。加入油，讓榛果浸泡在裡面，繼續一邊晃動鍋子、一邊把榛果煮到焦糖化、呈現金黃色澤為止。快速讓焦糖化的榛果過篩，把油瀝乾後，立刻倒在準備好的烘焙油紙上，用湯匙把榛果分散開來。靜置冷卻。如果你喜歡的話，也可以撒1-2撮海鹽碎片，在還微溫的榛果上。

3. 製作榛果鮮奶油，把1/3的糖、蛋黃及香草奶凍粉倒在碗裡攪拌均勻。用刀子把香草莢縱切剖開來，刮出裡面的香草籽。把香草莢、刮出來的香草籽及牛奶倒入平底深鍋中，再加入剩下的糖，一起煮到沸騰，過程中要不斷地攪拌。把香草夾取出後，把滾燙的牛奶倒入蛋黃混合物中，全程要一邊用球型打蛋器攪拌。再把混合物倒回平底深鍋中加熱，稍微煮沸一下，讓質地變濃稠。然後立刻倒入一個冷的碗裡，靜置冷卻，用保鮮膜直接蓋上。

4. 把榛果醬及鮮奶油混合物用球型打蛋器在碗中充分地攪拌均勻。把一半的焦糖榛果放入冷凍袋中，用桿麵棍或平底鍋敲碎，用剩下未敲碎的完整榛果來做裝飾。把敲碎的榛果拌入榛果醬鮮奶油中，蓋好，放入冰箱冷藏備用。

5. 接續製作酵母麵團及奶油麵團（參閱217頁）的步驟。把麵團擀平、摺疊起來（單摺及雙摺），按照指示冷藏。把麵團擀成3-4cm的厚度，用切模把麵團切出圈狀。翻面、蓋好，放入冰箱冷藏10分鐘。

6. 這時候，把油在深鍋中加熱到攝氏180度，讓溫度保持穩定。用溫度計監控溫度，或是把木湯匙放入油中，如果油溫夠高，就會看到木匙上有細小的泡泡升起。小心地分批油炸麵團圈，每一面在熱油中炸4分鐘，直到兩面都呈現金黃色澤為止，過程中使用漏杓翻面。用漏杓把甜甜圈取出，瀝乾甜甜圈的油，放在廚房紙巾上，把油吸乾。

7. 組裝時，可使用裝了裝填用花嘴的擠花袋，把奶油擠進去，或者將可頌甜甜圈橫切對半，然後在每個甜甜圈的下半邊用裝有圓形花嘴的擠花袋，擠上一些榛果鮮奶油，再把上半邊蓋回去。如果你喜歡的話，也可在可頌甜甜圈上，淋上可淋式翻糖或鏡面糖霜（糖霜須在微溫的狀態）。用焦糖榛果和牛奶巧克力刨花裝飾。

小訣竅：格外清爽的榛果鮮奶油

如果把大約200g打發的重乳脂鮮奶油切拌進去，會讓榛果奶油質地更輕盈。

小訣竅：可頌甜甜圈加焦糖醬

製作焦糖醬，在平底深鍋中把200g細砂糖加上3½湯匙的水一起煮滾，直到煮出深色焦糖為止。倒入200g重乳脂鮮奶油，煮出均勻滑順的質地。加入1小撮海鹽後，靜置冷卻，冷卻後可用來裝飾甜甜圈，或是當作可頌甜甜圈額外的餡料。

▼

千層派

夾莓果及香草鮮奶油

製作份量：10人份　　準備時間：30分鐘 + 26小時冷藏 + 冷卻　　烘烤時間：10-15 分鐘

千層酥皮麵團（基礎麵團或包覆麵團）：40g無鹽奶油，另外多準備一些用來塗抹烤盤；
另外準備一些融化的奶油，用來焦糖化
• 1茶匙鹽 • 250g中筋麵粉
千層酥皮麵團（奶油麵團）：160g無鹽奶油 • 50g中筋麵粉
香草鮮奶油及莓果：250ml牛奶 • 250g重乳脂鮮奶油 • 1條香草莢份量的香草籽
• 75g細砂糖，另外多準備一些用來焦糖化 • 5個蛋黃 • 1包香草奶凍粉
• 300g莓果，例如草莓、藍莓、覆盆子、黑莓或黑醋栗
外加：擠花袋和中型圓花嘴 • 廚房用噴槍（非必要）

1. 提前一天，先準備千層酥皮麵團（包覆麵團），參閱216頁所述步驟來製作。

2. 第二天，參閱216頁所述，準備好奶油麵團，放入冰箱冷藏。

3. 這時候，製作香草鮮奶油：把牛奶連同重乳脂鮮奶油、香草籽、細砂糖，一起放入平底深鍋中煮沸。把蛋黃及香草奶凍粉倒入碗中攪拌混合。把煮滾的牛奶混合物慢慢地一邊攪拌、一邊倒入蛋黃及香草奶凍粉混合物中，過程中要不斷地攪拌。再把它全部倒回平底鍋中加熱煮沸，讓質地變濃稠。用細篩子篩過後，用保鮮膜直接覆蓋在表面，冷卻後放入冰箱冷藏。

4. 接續製作酵母麵團及奶油麵團，參閱216頁所述步驟。把麵團擀平、摺疊（單摺及雙摺），依照指示冷藏。

5. 把烤箱預熱到攝氏220度。把千層酥皮麵團擀成8mm厚的長方形。用一把鋒利的刀子，切成10×5cm的長方形。把長方形麵團翻面，放在塗好奶油的烤盤上，放進預熱好的烤箱中間層，大約烤10-15分鐘，直到烤出金黃色澤為止。取出烤盤後，放在網架上冷卻。把每張千層酥皮水平橫切2次，分成3層。

6. 把香草鮮奶油放入裝有圓形花嘴的擠花袋中。在每一個千層派底層的長方形派皮上擠出幾球香草鮮奶油，鮮奶油之間取一點間隔距離。把莓果放入鮮奶油球之間的間隔。再放上中間（第二層）的長方形派皮，比照相同的方式鋪上香草奶油與莓果。最上層則要放焦糖化的長方形派皮。作法是，把融化的奶油刷在剩下的那張派皮上，然後壓上一些砂糖。用廚房用噴槍把派皮焦糖化，或是用中火把平底煎鍋加熱後，把有糖的那一面，向下放入鍋中讓它焦糖化。最後把焦糖化的那一面向上，蓋在千層派的最上方。

小訣竅：完美的千層酥皮麵團

經由反覆摺疊及擀平麵團，會形成一層層交錯的麵皮與奶油。奶油層能確保在稍晚烘烤時，薄薄的麵皮會確實一層層相互分開。想要成功地做出千層酥皮，在擀平麵團時絕不可以有半點奶油漏出來。也是基於這個原因，在每次擀平麵團時，務必都要按指示所述時間，放在冰箱中冷藏麵團。

▼

焦糖烤布蕾塔

香草口味

塔皮：150g無鹽奶油，切小塊，另外多準備一些用來塗抹烤模 • 100g糖粉 • 1個蛋 • 30g杏仁粉 • 250g中筋麵粉，另外多準備一些，用來篩撒烤模

焦糖烤布蕾：500g重乳脂鮮奶油 • 100ml牛奶 • 80g細砂糖，另外多準備一些用來焦糖化 • 2條香草莢份量的香草籽 • 8個蛋黃

外加：24cm塔模 • 烘焙重石、乾豆或生米 • 廚房用噴槍

製作份量：12人份　準備時間：30分鐘 + 2小時冷藏 + 冷卻　烘烤時間：2 小時

1. 製作塔皮，把奶油、糖粉及蛋放入攪拌器的碗中，用麵團勾揉合。加入麵粉及杏仁粉，迅速地揉出滑順的質地。把麵團整成一個圓球、壓平，再用保鮮膜蓋好，放入冰箱最少冷藏2小時。

2. 烤箱預熱到攝氏180度，在塔模內抹上奶油。在撒有麵粉工作臺上，或是在兩張保鮮膜之間，把麵團擀成5mm厚的圓，然後鋪在塔模內。切除多餘的塔皮，再用叉子在整個塔皮四處都戳幾下。

3. 要空烤塔皮，在塔皮上鋪好烘焙油紙，填滿烘焙重石，壓住塔皮。放進預熱好的烤箱中間層，大約要空烤8-10分鐘。再把烘焙重石及烘焙油紙移除。把烤箱溫度調低到攝氏100度。

4. 製作焦糖烤布蕾內餡，把重乳脂鮮奶油、牛奶、糖及香草籽放入平底深鍋中煮沸。同時，用球型打蛋器充分地攪拌蛋黃。把煮滾的鮮奶油、牛奶混合物倒入蛋黃中，過程中要不斷地用球型打蛋器攪拌。

5. 把焦糖烤布蕾內餡倒入塔皮中，倒滿到快要碰到塔的上緣。放回烤箱，大約烤80-110分鐘，直到內餡凝固，才算烘烤完畢。取出烤箱後，留在塔模內冷卻。

6. 上桌食用前，在塔上撒上一層薄薄的細砂糖，然後用廚房用噴槍把砂糖焦糖化，讓表面呈金黃色澤。

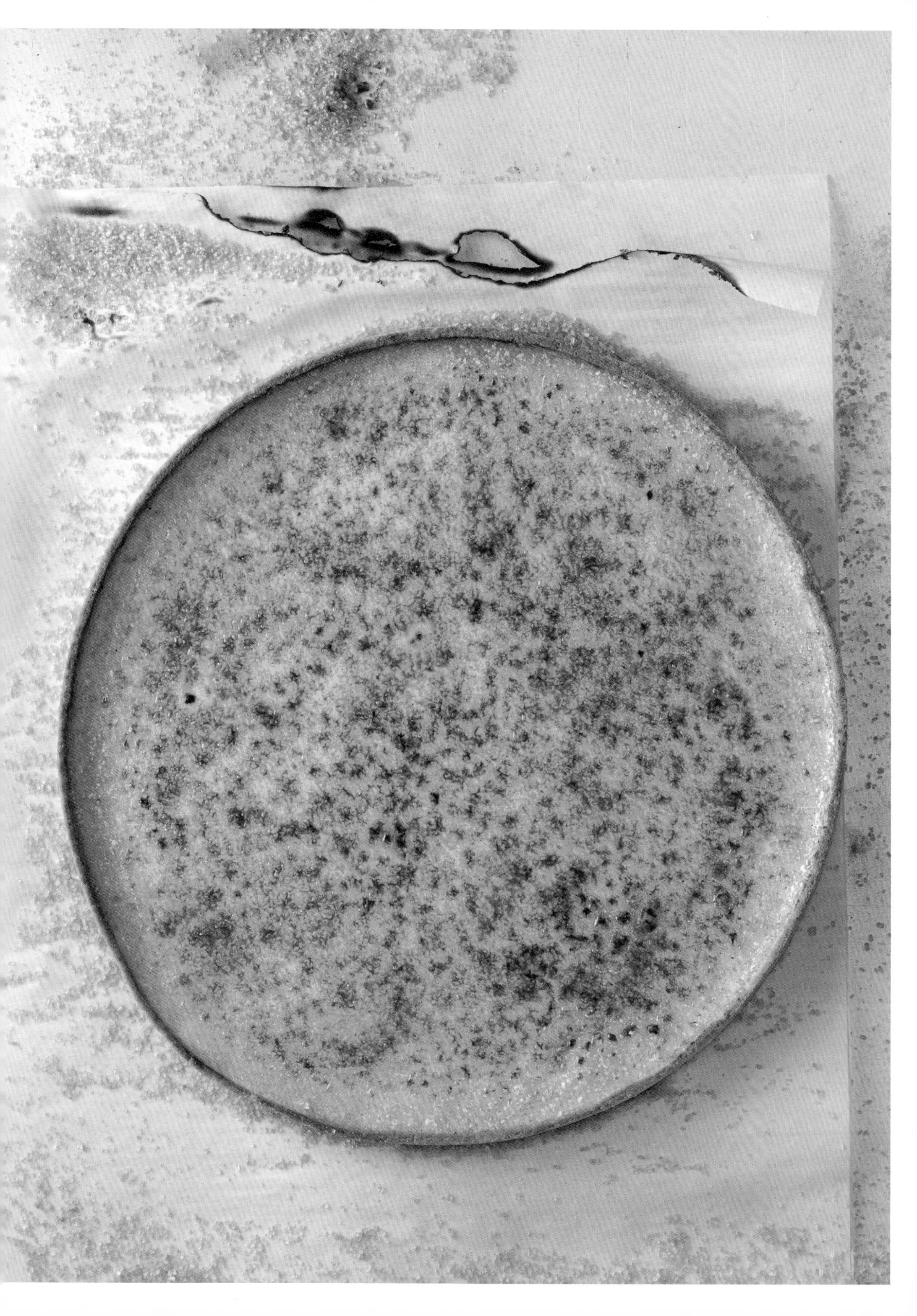

小百香果塔

帶有異國風且美味可口

製作份量：8-10人份

準備時間：40分鐘 + 4小時冷藏 + 冷卻

烘烤時間：15-20分鐘

小訣竅：試著用百香果籽來裝飾

做裝飾會用到額外一顆百香果。把百香果對半切開後，把果肉（包括籽）倒在還沒有凝固的百香果果凍上。靜置等待完全凝固。

塔皮：150g無鹽奶油，切小塊，另外多準備一些用來塗抹烤模 • 100g糖粉 • 1個蛋 • 30g杏仁粉
• 250g中筋麵粉，另外多準備一些，用來篩撒烤模 • 100g白巧克力
內餡：4個大的蛋 • 250g細砂糖 • 50g香草奶凍粉 • 4 張吉利丁片 • 300ml牛奶
• 200g百香果果泥（10%糖，參閱219頁） • 200g無鹽奶油 • 1條香草莢份量的香草籽 • 250g重乳脂鮮奶油
百香果果凍：6張吉利丁片 • 600ml百香果果汁
用具：8-10個直徑10cm小型塔模 • 烘焙重石、乾豆或生米

1. 製作塔皮，把奶油、糖粉及蛋放入攪拌器的碗中，用麵團勾揉合這些食材。加入麵粉及杏仁粉，迅速地揉出滑順的質地。將麵團整成一個圓球、壓平，再用保鮮膜蓋好，放入冰箱最少冷藏2小時。

2. 烤箱預熱到攝氏180度，在塔模內抹奶油。把麵團分成8-10塊。在撒有麵粉工作臺上，或是在兩張保鮮膜之間，把麵團擀成5mm厚度，直徑約12cm的圓形。把麵團鋪在塔模內。切除多餘的塔皮，再用叉子在塔皮四處都戳幾下。

3. 在塔皮內鋪好烘焙油紙，填滿烘焙重石，壓住塔皮。放進預熱好的烤箱中間層，大約空烤塔皮10分鐘。移除烘焙重石及烘焙油紙，再放回烤箱把塔皮續烤5-10分鐘，直到烤出金黃色澤為止。從烤箱中取出後，留在塔模內冷卻。

4. 這時候，用球型打蛋器把蛋、細砂糖及香草奶凍粉攪打到混合。把吉利丁片泡入冷水10分鐘。把牛奶連同百香果果泥、奶油和香草籽倒放入平底深鍋中煮沸，過程中要不斷地攪拌。在爐邊準備好一個空碗。

5. 把煮滾的牛奶混合物慢慢地一邊攪拌、一邊倒入香草奶凍粉混合物中，全程不斷攪拌。再把全部倒回平底深鍋中，中火續煮1分鐘，全程也要不斷地用球型打蛋器攪拌，再倒入剛才準備好的空碗。把吉利丁片擠乾，放入熱熱的混合物中，攪拌到溶解。靜置冷卻至微溫。把重乳脂鮮奶油打發到成形，然後也切拌進溫熱的牛奶混合物中。

6. 把白巧克力切碎後，用耐熱碗以小火隔水加熱融化（碗不直接接觸水面）。在塔皮底層刷上白巧克力，然後等它凝固。倒入還微溫的內餡、抹平，靜置冷卻。

7. 製作百香果果凍，把吉利丁片泡入冷水10分鐘。把1/3的百香果果汁倒在平底深鍋中加熱，擠乾吉利丁片，再放入溫熱的果汁中溶解，最後拌入剩下2/3的果汁。把果凍倒在已經冷卻的塔上，倒滿到快碰到塔的上緣，再放入冰箱冷藏2小時，讓果凍凝固。

草莓覆盆子塔

香草奶酥塔皮

奶酥塔皮： 50g無鹽奶油，切小塊 • 100g裸麥粉 • 40g黃砂糖（二砂） • 1茶匙香草粉

草莓覆盆子甘納許：350g白巧克力 • 125g無鹽奶油 • 75g草莓果泥（10%糖，參閱219頁） • 75g覆盆子果泥（10%糖，參閱219頁） • 100g細砂糖 • 20g葡萄糖漿（參閱219頁）

裝飾：馬斯卡彭鮮奶油（參閱104頁） • 草莓及覆盆子 • 檸檬馬鞭草葉（參閱168頁）

用具：2個12cm中空圈模 • 擠花袋和圓形花嘴

製作份量：2個　　準備時間：40分鐘 + 2小時冷藏 + 冷卻　　烘烤時間：10-15分鐘

以巧克力為基底的塔，常常讓人覺得吃起來很有負擔。
在這道食譜中，覆盆子和草莓的酸度以及酥脆的奶酥塔皮，平衡了巧克力的濃郁，把口感變清爽了。
馬斯卡彭鮮奶油及檸檬馬鞭草也扮演了中和濃郁甘納許的角色。

1. 烤箱預熱到攝氏190度。把中空圈模一起放在鋪有烘焙油紙的烤盤上。

2. 製作奶酥，把奶油、裸麥粉、糖及香草粉，用手或是裝有麵團勾的攪拌機快速地攪拌至碎塊狀。想要製成口感粗細一致的奶酥，可以用壓的讓奶酥過篩、篩過粗的篩子。把奶酥均分到2個中空圈模中，輕壓整平。放進預熱好的烤箱，烤10-15分鐘。取出後靜置冷卻。

3. 製作甘納許，把白巧克力及奶油切碎。把果泥、糖和葡萄糖漿一起稍微加熱後，倒入巧克力中，攪拌均勻。最後，用手持電動攪拌機把奶油拌入，小心不要拌入空氣。

4. 把甘納許倒在已冷卻的香草奶酥塔皮上，再放入冰箱冷藏2小時。把馬斯卡彭鮮奶油放入裝有圓形花嘴的擠花袋，在塔上擠幾球裝飾。把莓果排列在奶油之間，再用檸檬馬鞭草葉點綴。

▼

櫻桃蛋糕

靈感取材自黑森林蛋糕

製作份量：12個　準備時間：50分鐘 + 3小時冷凍 + 冷卻　烘烤時間：8分鐘

海綿蛋糕：50g黑巧克力 • 40g無鹽奶油 • 5個蛋 • 40g中筋麵粉 • 40g可可粉
• 140g高品質的杏仁膏 • 45g糖粉 • 45g細砂糖

馬斯卡彭鮮奶油：5張吉利丁片 • 375g重乳脂鮮奶油 • 750g馬斯卡彭乳酪 • 75g細砂糖
• 75ml櫻桃白蘭地 • 100g去籽櫻桃

糖汁櫻桃及裝飾：20g香草奶凍粉 • 200ml櫻桃汁 • 50g細砂糖 • 1條香草莢份量的香草籽
• 1根肉桂棒 • 250g櫻桃 • 牛奶巧克力刨花

櫻桃果醬：10g粗砂糖 • 1g洋菜粉 • 125g櫻桃 • 50g果醬糖 • 1個檸檬的檸檬汁
• ½條香草莢份量的香草籽

用具：6cm圓形切模（非必要） • 2個6連半圓矽膠模（每個圓孔直徑 6cm）

1. 烤箱預熱到攝氏180度，在烤盤中鋪上烘焙油紙。把巧克力切碎。把奶油和巧克力放入平底深鍋中，用小火融化。把4個蛋的蛋白與蛋黃分開。把剩下的全蛋和這些蛋黃，用打蛋器一起打散，把蛋白放入另一個碗中。把麵粉和可可粉混合在一起。

2. 用手持電動打蛋器，把杏仁膏和糖粉攪打混合，再慢慢地打入蛋黃混合物，注意千萬不能產生任何結塊。用徹底清潔過的手持電動打蛋器，以中速把蛋白在碗中打發成形，慢慢地一邊打、一邊加入細砂糖。把大約1/2的打發蛋白切拌進杏仁膏、蛋黃混合物中，然後再把麵粉混合物與剩下1/2的蛋白也切拌進去。最後拌入融化的奶油及巧克力。

3. 把麵糊倒在烘焙油紙上，高度約1-1.5cm，然後放進預熱好的烤箱中間層，大約烤7-8分鐘，小心不要把海綿蛋糕烤得太乾。從烤箱取出後，留在烤盤上冷卻。把海綿蛋糕從烤盤上取下，用切模或玻璃杯切成12個6cm的圓形。

4. 把吉利丁片泡入冷水10分鐘，準備製作馬斯卡彭鮮奶油。用手持電動打蛋器，把重乳脂鮮奶油在碗裡打發到剛好成形。把馬斯卡彭乳酪和糖在碗裡拌勻。把櫻桃白蘭地倒在平底鍋中中稍微加熱，把吉利丁片擠乾，放入微溫的櫻桃白蘭地中溶解。先把2-3湯匙的馬斯卡彭混合物拌入櫻桃白蘭地混合物中，再快速把這些和剩餘的馬斯卡彭混合物拌在一起。最後，把打發鮮奶油切拌進馬斯卡彭混合物中。用這個混合物來裝填矽膠模，在每一個裡面塞入2-3個櫻桃，再放上切好的圓形海綿蛋糕。放入冷凍庫，約冷凍3小時。

5. 最後做裝飾，把香草奶凍粉和3-4湯匙的櫻桃汁攪拌到質地滑順。把剩下的櫻桃汁倒入平底深鍋中連同糖、香草籽及肉桂棒煮沸，拌入香草奶凍粉混合物，使果汁混合物變濃稠。取出肉桂棒、拌入櫻桃後，靜置放涼到微溫。製作果醬，把粗砂糖和洋菜粉混合，再和剩下的食材一起用平底深鍋煮沸，離火後，靜置冷卻。再攪拌一下後，過篩。用幾球果醬、糖汁櫻桃，及牛奶巧克力刨花，來裝飾小蛋糕。

▼

藍莓塔

加薰衣草及蜂蜜

奶酥塔皮及裝飾：125g室溫無鹽奶油，另外多準備一些，用來塗抹烤模
• 115g中筋麵粉，另外多準備一些用來篩撒烤模 • 100g黃砂糖（二砂） • 25g蜂蜜 • 125g杏仁粉
• ½茶匙磨碎的薰衣草花瓣 • 藍莓 • 白巧克力裝飾（參閱218頁）

藍莓鮮奶油：190g黑巧克力（66%可可固形物） • 215g重乳脂鮮奶油 • 40g葡萄糖漿（參閱219頁）
• 190g藍莓果泥（10%糖，參閱219頁） • 2茶匙藍莓利口酒

藍莓果凍（非必要）：1包透明鏡面果膠（可郵購） • 100g藍莓果泥（10%糖，參閱219頁）
• 50g黑莓果泥（10%糖，參閱219頁）

用具：6個12cm小型塔模

製作份量：6個　準備時間：30分鐘 + 冷卻　烘烤時間：10-15分鐘

1. 烤箱預熱到攝氏190度。在塔模中抹上奶油，篩撒上麵粉，再抖掉多餘的麵粉。

2. 製作奶酥，把奶油和糖放入碗中混合。加入蜂蜜、杏仁粉及磨碎的薰衣草花瓣，用手或是裝有麵團勾的攪拌機，快速把所有的東西攪拌出碎塊狀。要製作成口感粗細一致的奶酥，可以用壓的讓食材過篩、穿過粗的篩子。把奶酥平均鋪在塔模底部，輕壓整平，塔模的壁面也要鋪一些奶酥。放進預熱好的烤箱，烤10-15分鐘，直到烤出金黃色澤為止。從烤箱取出後，留在塔模內冷卻。

3. 這時候，要做藍莓鮮奶油，把巧克力切碎，用耐熱的碗以小火隔水加熱融化（碗不直接接觸水面）。把110g的重乳脂鮮奶油和葡萄糖漿，放入平底深鍋中煮沸。離火，把藍莓果泥與利口酒拌進去。

4. 把熱的藍莓混合物和巧可力，用刮勺攪拌出光滑柔順的質地。加入剩下的重乳脂鮮奶油，用手持電動攪拌機攪拌混合，盡量小心不要拌入空氣。均勻地倒在塔皮上，抹平，靜置冷卻。

5. 如果想要的話，可以參照包裝上的指示，製作藍莓果凍的鏡面果膠。把藍莓果泥、黑莓果泥和鏡面果膠充分混合。等它稍微變涼一點，再淋在塔上。

6. 用藍莓蘸果凍，放在塔上讓果凍凝固。如果喜歡的話，可以用湯匙滴上幾滴果凍在塔上，再用白巧克力片裝飾。上桌前，甜點要保持冰涼。

小訣竅：裝飾小塔

我想要「噴槍處理」這些小塔。作法是，把這些小塔冷凍至少2小時。把200g可可脂隔水加熱到融化，加入400g調溫白巧克力，攪拌融化，裝入噴槍中再噴到塔上。你不需要把所有的混合物用完，但是噴槍需要裝入一定的量，才能順暢運作。

蘋果西洋梨塔

加杏仁洋槐蜂蜜奶油

塔皮：135g無鹽奶油，切小塊，另外多準備一些用來塗抹烤模 • 85g糖粉 • 1 個蛋 • 1茶匙香草粉
• 1小撮鹽 • ¼條香草莢份量的香草籽 • 225g中筋麵粉，另外多準備一些用來篩撒烤模 • 30g杏仁粉

焦糖杏仁：50g去皮杏仁 • 1湯匙糖粉

上層配料：150g糖粉 • 75g杏仁粉 • 150g室溫無鹽奶油 • 3 個蛋 • 1½湯匙香草奶凍粉 • 60g洋槐蜂蜜
• ½條香草莢份量的香草籽 • 1小撮鹽 • 1個適合做塔的硬蘋果 • 1個西洋梨

尚提伊鮮奶油：200g重乳脂鮮奶油 • 50g細砂糖 • 1條香草莢份量的香草籽

用具：24cm的塔模 • 烘焙重石、乾豆或生米

製作份量：8人份　準備時間：50分鐘 + 2小時冷藏 + 冷卻　烘烤時間：35-45分鐘

1. 製作油酥麵團，把奶油、糖粉、蛋、香草粉及香草籽放入攪拌器的碗中，用麵團勾揉合。加入麵粉及杏仁粉，迅速地揉出滑順的質地。把麵團整成一個圓球、壓平，用保鮮膜包好，放入冰箱最少冷藏2小時。

2. 製作焦糖杏仁，把烤箱預熱到攝氏190度。把杏仁分散放在烤盤上，放入烤箱中間層，大約烘烤8分鐘。把杏仁放入平底鍋中，撒上糖粉後，用中火加熱並不斷地翻攪，把杏仁和糖均勻地焦糖化。放在烤盤上靜置在一旁冷卻。不要把烤箱關掉。

3. 在塔模中抹上奶油、篩撒上麵粉，再抖掉多餘的麵粉。在撒有薄薄的麵粉工作臺上，或是在兩張保鮮膜之間，把麵團擀成5mm厚的圓形，然後鋪在塔模上。切除多餘的塔皮，再用叉子在整個塔皮的四處都戳幾下。

4. 空烤塔皮，在塔皮上鋪烘焙油紙，填滿烘焙重石，壓住塔皮。放進預熱好的烤箱中間層，大約要空烤塔12分鐘。移除烘焙重石及烘焙油紙。讓塔皮留在塔模內冷卻。烤箱的溫度調降到攝氏180度。

5. 這時候，來製作上層配料，把糖粉、杏仁粉、奶油、蛋、香草奶凍粉、洋槐蜂蜜、香草籽及鹽，用手持電動打蛋器把食材打出滑順綿密的質地。打的時候盡量不要拌入空氣。把蘋果及西洋梨削皮，對半切並去心。把兩種水果切片，厚度約為5mm。

6. 把奶油混合物倒入塔皮中，把蘋果和洋梨片交錯排放在上面。放入烤箱中間層，空烤約25-30分鐘。取出烤箱後，留在塔模中冷卻。

7. 製作尚提伊鮮奶油，把重乳脂鮮奶油、糖粉及香草籽打發。

8. 把焦糖杏仁放入冷凍袋，用桿麵棍敲碎。小心地為冷卻的塔脫模，再擠上橢圓形的尚提伊鮮奶油，撒上杏仁碎片作裝飾。

▼

小蛋白霜塔

配草莓

製作份量：15個

準備時間：50分鐘 + 2½小時冷藏 + 冷卻　　烘烤時間：15分鐘

塔皮：135g無鹽奶油，切小塊，另外多準備一些用來塗抹烤模• 80g糖粉• 1個蛋• 1茶匙香草粉
• 1小撮鹽• ½條香草莢份量的香草籽• 225g中筋麵粉，另外多準備一些用來篩撒烤模• 30g杏仁粉
內餡：5個蛋黃• 1包香草奶凍粉• 250ml牛奶• 250g重乳脂鮮奶油• 1條香草莢份量的香草籽• 75g細砂糖
蛋白霜及裝飾：50g白巧克力• 750g草莓• 3個蛋白• 1小撮鹽• 140g細砂糖
• ½個萊姆皮（磨成細屑）• 牛奶巧克力（裝飾用，參閱218頁）
用具：15連矽膠塔模（每個直徑4.5cm），或是其他相同大小的小塔模
• 烘焙重石、乾豆或生米• 擠花袋和小型圓花嘴

1. 要製作油酥麵團，把奶油、糖粉、蛋、香草粉及香草籽放入攪拌器的碗中，用麵團勾揉合。加入麵粉及杏仁粉，迅速地揉出滑順的質地。把麵團整成一個圓球、壓平，用保鮮膜包好，放入冰箱最少冷藏2小時。

2. 製作內餡，把蛋黃及香草奶凍粉放在碗裡，用球型打蛋器攪拌均勻。把牛奶連同重乳脂鮮奶油、香草籽及糖放入平底深鍋中煮沸。慢慢地分次把牛奶混合物倒入蛋黃混合物中，過程中要持續攪拌。再把所有混合物一起倒回平底深鍋，再次加熱煮沸，全程也要不斷地攪拌，讓質地變濃稠。用細篩子讓混合物過篩後，用保鮮膜直接覆蓋在表面，冷卻後放入冰箱冷藏。

3. 烤箱預熱到攝氏190度。在撒有薄薄的麵粉工作臺上，或是在兩張保鮮膜之間，將麵團擀成3mm厚。用切模或玻璃杯切出15個直徑5.5cm的圓，再鋪在矽膠模上。切除多餘的塔皮，用叉子在塔皮四處都戳幾下。在塔皮上鋪好烘焙油紙，填滿烘焙重石，把塔皮壓住。放進預熱好的烤箱中間層，空烤塔皮約12分鐘，直到烤出金黃色澤為止。取出烤箱，移除烘焙重石及烘焙油紙。讓塔皮留在塔模內冷卻。

4. 把白巧克力切碎後，用耐熱的碗以小火隔水加熱融化（碗不直接接觸水面）。在塔皮底層刷上白巧克力，靜置等待巧克力凝固。小心地將塔脫模，放在烤盤上。

5. 把香草奶凍再次用球型打蛋器攪拌出滑順質地，放到裝有小圓形花嘴的擠花袋中，擠出幾大球香草奶凍在塔皮內。把草莓切半，在塔上排成一圈。放入冰箱冷藏約30分鐘。

6. 烤箱預熱到攝氏220度，如果可能的話，只開烤箱上半部的熱源。用手持電動打蛋器的中速把蛋白打發到尾端可形成直立的尖角狀，慢慢地一邊打、一邊加入鹽和糖。拌入萊姆皮。把蛋白霜放入裝有小的圓形花嘴的擠花袋中，擠在塔上。放入烤箱上層約2分鐘，直到烤出淺金黃色澤，小心不要烤得太黑了。放在網架上冷卻。用牛奶巧克力裝飾。

▼

巧克力棉花糖小點心

內藏覆盆子

格子鬆餅基底：40g無鹽奶油 • 40g細砂糖 • 1茶匙香草粉 • 1小撮鹽 • 1個蛋 • 80ml牛奶 • 80g中筋麵粉 • 無味蔬菜油，如果需要的話

棉花糖內餡及覆盆子：8張吉利丁片 • 65g蛋白（2-3個雞蛋） • 50g細砂糖 • 75g葡萄糖漿 • 2茶匙覆盆子醋 • 約250g覆盆子

巧克力糖霜：500g黑巧克力 • 80ml無味蔬菜油，或可可脂

用具：格子鬆餅機（甜筒脆皮機） • 5cm圓形切模（非必要） • 擠花袋和中型圓花嘴

製作份量：20-25個　準備時間：40分鐘 + 1小時冷藏 + 冷卻　烘烤時間：1小時

1. 製作格子鬆餅，把奶油放在平底深鍋中用小火融化。把奶油、糖、香草粉及鹽攪拌均勻，再把蛋與牛奶拌入。把麵粉過篩後，也拌進去。

2. 預熱鬆餅機。如果有需要的話，稍微在烤盤表面抹上一些油。用3湯匙的麵糊，烤出薄薄的格子鬆餅。鬆餅烤好後，立刻用切模或玻璃杯切出5cm直徑的圓形。烤箱預熱到攝氏70度。把鬆餅圓片放在烤盤上，放入烤箱中間層，大約烘烤30分鐘，把鬆餅烤乾。從烤箱取出後靜置冷卻。

3. 製作棉花糖內餡，把吉利丁片泡入冷水10分鐘。把蛋白放入裝有打蛋器的食物處理機，以中速打至剛好成形。把機器的轉速調低，讓它持續運轉。把糖及葡萄糖漿和100ml的水煮到攝氏113度，用溫度計檢查一下。達到攝氏113度時，把食物處理機轉回中速，把糖漿慢慢地倒進打發的蛋白中，再繼續打1分鐘。把吉利丁片擠乾，也放進食物處理機內攪拌。繼續攪打，直到混合物溫度降到室溫為止，一邊打、一邊加入覆盆子醋。

4. 在每片乾鬆餅上放幾粒覆盆子。把棉花糖混合物放入裝有中型圓花嘴的擠花袋中，然後擠在覆盆子上。蓋好後放入冰箱約1小時，讓棉花糖混合物凝固。

5. 製作巧克力糖霜，把巧克力切碎後，用耐熱的碗以小火隔水加熱融化（碗不直接接觸水面）。把油拌入，盡量小心不要拌入空氣。如果有必要的話，讓巧克力糖霜稍微冷卻，溫度不超過攝氏40度。再把巧克力淋在棉花糖上，把棉花糖完全包覆住，在上桌之前都要放在冰箱中冷藏。

小訣竅：巧克力餅乾

你可以試著在底層的餅乾上塗上一層融化巧克力，以免它軟掉。

▼

迷你榛果蛋糕

加蔓越莓慕斯

海綿蛋糕：6個蛋 • 70g牛奶巧克力 • 50g無鹽奶油 • 75g高品質的杏仁膏 • 115g細砂糖 • 1小撮鹽 • 40g中筋麵粉 • 40g榛果粉，另外多準備一些篩撒

蔓越莓慕斯：5張吉利丁片 • 250g重乳脂鮮奶油 • 4-5個蛋白 • 90g細砂糖 • 3個蛋黃 • 80g蔓越莓 • 305g蔓越莓果醬

巧可力酥餅：90g無鹽奶油，切碎 • 55g糖粉 • 1個蛋 • 1小撮鹽 • 150g中筋麵粉，另外多準備一些用來篩撒 • 20g可可粉

巧可力糖霜及裝飾：375g黑巧克力 • 375g杏仁脆糖 • 225g重乳脂鮮奶油 • 225ml牛奶 • 可淋式翻糖或鏡面糖霜（參閱219頁）

用具：2個6cm圓形切模（非必要） • 2個6連半圓矽膠模（每個圓孔直徑 6cm）

製作份量：12個　準備時間：50分鐘 + 4½小時冷藏 + 冷卻　烘烤時間：15-20分鐘

因為蔓越莓本身的苦味，常讓大家對這種食材抱有誤解。
當我們把蔓越莓用在烘焙中，莓果的優點就有了可發揮的空間。
在這道食譜中，榛果把蔓越莓的味道變柔和了，兩種食材在味蕾上激盪出絕妙的火花。

1. 烤箱預熱到攝氏200度。在烤盤上鋪烘焙油紙。把4個蛋的蛋白與蛋黃分開。把蛋黃和2個全蛋攪拌均勻。把巧克力切碎後，用耐熱的碗以小火隔水加熱融化（碗不直接接觸水面）。融化奶油後，拌入巧克力中。

2. 用手持電動打蛋器把杏仁膏及50g的糖混合，分批把蛋黃混合物拌入，注意不要產生任何結塊。用手持電動打蛋器，在碗中以中速把蛋白及鹽打發到尾端可以形成直立的尖角狀，再慢慢地一邊打、一邊加入剩下的糖。把打發蛋白切拌進杏仁膏、蛋黃混合物中。把麵粉與榛果粉混合，然後也切拌進杏仁膏、蛋黃混合物中。最後把融化的巧克力混合物也拌進去。

3. 把麵糊平均地倒在烘焙油紙上，厚度大約要是1cm。用篩子把榛果粉均勻地篩撒在麵糊上，覆蓋全部的麵糊。放進預熱好的烤箱中間層，大約烤6-9分鐘，小心不要烤得太乾。

4. 取出烤箱後，留在烤盤上冷卻。把海綿蛋糕從烤盤上倒出來，放在另一張烘焙油紙上，丟棄原來的烘焙油紙（即目前在蛋糕上方的那一張）。用切模或玻璃杯，切出12個直徑6cm蛋糕底層。

5. 製作蔓越莓慕斯，把吉利丁片泡入冷水10分鐘。把重乳脂鮮奶油打發成形。然後把蛋白也打發成形，一邊打蛋白時，一邊要撒入40g的糖。

把蛋黃放入耐的熱碗中，加入剩下50g的糖，一邊隔水加熱，一邊打蛋黃，直到提起打蛋器時，蛋黃會像緞帶那樣緩緩落下的程度為止。把吉利丁片擠乾，拌進蛋黃中。分次慢慢地把打發蛋白切拌進蛋黃中，拌入蛋白的過程中，也要交替著把鮮奶油切拌進來。最後拌入蔓越莓及果醬。

6. 把慕斯放入矽膠模中，在每一份上都放一塊蛋糕底層。把小蛋糕放入冷凍庫，最少4小時。

7. 這時候，把烤箱預熱到攝氏180度。把做巧克力酥餅的所有食材，用裝有麵團勾攪拌機混合，攪拌出滑順的質地。用保鮮膜包好，放入冰箱冷藏30分鐘。在撒有薄薄麵粉的工作臺上，或是在兩張保鮮膜之間，把麵團擀成薄薄的，再用切模或玻璃杯切出12個直徑6cm的底層。放進預熱好的烤箱，烤8-9分鐘。

8. 製作糖霜，把巧克力及杏仁脆糖切碎。把牛奶及重乳脂鮮奶油放入平底深鍋中煮沸。加入巧克力及杏仁脆糖，離火後，用手持電動攪拌機把所有東西攪拌均勻。小心不要拌入空氣。靜置待混合物稍微冷卻。

9. 在酥餅底層塗上一點糖霜。把冷凍的蛋糕脫模，放在酥餅底層上。用剩下的巧可力糖霜與幾球微溫的鏡面糖霜（或可淋式翻糖），來裝飾蛋糕。

▼

多層巧克力蛋糕

加蔓越莓

製作份量：12人份　準備時間：50分鐘 + 4小時冷藏 + 冷卻　烘烤時間：20-25分鐘

海綿蛋糕：75g無鹽奶油 • 50g牛奶巧克力 • 150g中筋麵粉 • 1茶匙泡打粉
• 60g可可粉 • 6個蛋 • 1小撮鹽 • 175g細砂糖

慕斯：5張吉利丁片 • 250g重乳脂鮮奶油 • 4-5個蛋白 • 90g細砂糖 • 3個蛋黃 • 600g蔓越莓果醬

糖霜及裝飾：80g牛奶巧克力 • 80g黑巧克力 • 80g牛軋糖 • 4½湯匙牛奶 • 50g重乳脂鮮奶油
• 擀好的高品質杏仁糖霜 • 可可碎豆 • 可可粉

用具：26cm活動蛋糕烤模或中空圈模

1. 烤箱預熱到攝氏180度，在烤模底部鋪上烘焙油紙。把奶油和巧克力放入平底深鍋中，用小火隔水加熱融化。把麵粉、泡打粉和可可粉混合。

2. 把蛋白與蛋黃分開。用手持電動打蛋器，以中速把蛋白及鹽打發到尾端可以形成直立的尖角狀，再分次慢慢地一邊打、一邊加入125g細砂糖。把蛋黃和剩下的糖打出綿密的質地。把打發蛋白混合物倒在綿密的蛋黃上，再把麵粉混合物篩在上面，然後逐步把所有食材統統切拌在一起。最後把融化的奶油與巧克力切拌進來。

3. 把麵糊舀進烤模中，放進預熱好的烤箱中間層，大約烤20-25分鐘。從烤箱取出後，讓蛋糕留在烤模內冷卻。脫模後取下烘焙油紙，水平切2次，蛋糕就會有3層。

4. 製作慕斯，把吉利丁片泡入冷水10分鐘。把重乳脂鮮奶油打發成形。然後把蛋白也打發成形，要一邊撒入40g砂糖、一邊打蛋白。在蛋黃中加入剩下50g的砂糖，以隔水加熱的方式，一邊加熱，一邊打蛋黃，直到提起打蛋器時，蛋黃會像緞帶那樣緩緩落下的程度為止。把吉利丁片擠乾拌進蛋黃中。分次慢慢地把蛋白切拌進蛋黃中，拌入蛋白的過程中，也要交替著把鮮奶油切拌進來。最後拌入一半的果醬。

5. 把底部的海綿蛋糕放入活動蛋糕烤模或中空圈模中，塗上一層薄薄的蔓越莓果醬。在蛋糕上覆蓋上1/3的慕斯，抹平。放上中間那層蛋糕切片，同樣也塗上果醬及1/3的慕斯。把最後那一層的蛋糕放上，抹上剩下的慕斯。包好後放入冷凍庫，最少4小時。

6. 製作巧克力糖霜，把兩種巧克力及牛軋糖切碎。把牛奶及重乳脂鮮奶油放入平底深鍋中煮沸，拌入巧克力，讓巧克力融化。加入牛軋糖，並用手持電動攪拌機攪拌均勻，小心不要拌入空氣。靜置待混合物稍微冷卻。

7. 在烤盤或烘焙油紙上放好網架。讓蛋糕脫模，在蛋糕上鋪上擀好的杏仁糖霜，放在網架上，再用溫熱的巧克力糖霜塗覆在蛋糕側面一整圈。把蛋糕放入冰箱中冷藏，直到糖霜凝固為止。在蛋糕的邊緣撒上可可碎豆，中間則要篩撒上可可粉。

▼

香檳鮮奶油鑽石蛋糕

低調高雅風

內餡：180ml香檳 • 1½湯匙檸檬汁 • 125g細砂糖 • 2個蛋黃 • 40g香草奶凍粉 • 250g室溫無鹽奶油

海綿蛋糕：175g高品質的杏仁膏 • 5個蛋黃 • 4個蛋白 • 40g無鹽奶油 • 40g黑巧克力（67%可可固形物）• 40g中筋麵粉 • 20g可可粉 • 50g細砂糖

糖霜及裝飾：375g調溫黑巧克力 • 375g杏仁脆糖 • 225g重乳脂鮮奶油 • 225ml牛奶 • 高品質單一產區巧克力（如果想要的話，可向烘焙材料行郵購）• 調溫白巧克力（非必要）

用具：12連鑽石形矽膠模，或12連半圓矽膠模

製作份量：15個　準備時間：1小時 + 32小時冷藏 + 冷卻　烘烤時間：20分鐘

1. 提前一天，先準備香檳鮮奶油內餡，把125ml的香檳連同檸檬汁和糖在平底深鍋中煮沸。這時候，把剩下的香檳、蛋黃及香草奶凍粉倒在碗裡，用球型打蛋器拌勻。把煮沸的香檳分次慢慢地倒入蛋黃混合物中，過程中要持續攪拌。再把全部倒回平底深鍋中，煮1分鐘讓質地變濃稠，過程中也要持續攪拌。把混合物從鍋子倒入另一個碗中，用保鮮膜直接覆蓋在表面，靜置冷卻後，放入冰箱冷藏24小時。

2. 第二天，把烤箱預熱到攝氏190度，在烤盤上鋪烘焙油紙，準備製作海綿蛋糕。用手持電動打蛋器把杏仁膏和1個蛋黃在一起打出滑順的質地。分次慢慢地打入剩下的蛋黃，直到把混合物打出滑順的質地。加入3½ 湯匙的水及1個蛋白，把所有食材混合在一起，打出綿密的質地。

3. 把奶油及巧克力切碎。用耐熱的碗以小火隔水加熱，把碗中的巧克力與奶油都融化（碗不直接接觸水面）。讓麵粉和可可粉一起過篩。用手持電動打蛋器，以中速把剩下的蛋白打發到尾端可形成直立的尖角狀，一邊打蛋白，要一邊分次慢慢加入細砂糖。把巧克力、奶油混合物拌入杏仁膏混合物。最後，分次且交替把麵粉混合物與打發蛋白，也切拌進去。

4. 把海綿蛋糕混合物均勻地倒在烤盤上，放進預熱好的烤箱中間層，大約烤20分鐘。取出烤箱後，留在烤盤上冷卻。用切模或玻璃杯切成15個直徑6cm的圓。

5. 用手持電動打蛋器，在碗裡把奶油打到顏色變淺且質地蓬鬆，準備製作內餡。分次慢慢地把冷藏得冰冰的香檳鮮奶油，打入蓬鬆的奶油中。填入矽膠模中，再用一塊海綿蛋糕封起來。冷凍約6小時。

6. 製作糖霜，把巧克力及杏仁脆糖細細切碎。把牛奶和重乳脂鮮奶油放入平底深鍋中煮沸。加入巧克力和杏仁脆糖，再用手持電動攪拌機攪拌均勻。操作時，小心不要拌入空氣。攪拌完畢後，靜置待糖霜從滾燙冷卻到溫熱。

7. 在烤盤鋪上烘焙油紙，在上面放好網架。讓鑽石蛋糕脫模後，放在網架上。淋上糖霜，完全包覆起來。如果你喜歡的話，可以把高品質單一產區巧克力用食物處理機攪碎成粉，然後沿著鑽石蛋糕底部一整圈撒滿巧克力粉。放入冰箱冷藏。

8. 製作巧克力裝飾，把調溫白巧克力融化（同步驟3方式），倒薄薄的一層在烘焙油紙上。放上另一張烘焙油紙，然後用桿麵棍把巧克力擀得更薄。把這片巧克力薄片放入冰箱備用。上桌時，把巧克力薄片剝成小片，裝飾鑽石蛋糕。

▼

千層酥皮

千層酥皮麵團（基礎麵團或包覆麵團）：

40g無鹽奶油 • 1茶匙鹽 • 250g中筋麵粉

千層酥皮麵團（奶油麵團）：

160g無鹽奶油

• 50g中筋麵粉，另外多準備一些用來篩撒

單摺

1. 提前一天，把奶油放入平底深鍋中以小火融化，準備製作千層酥皮麵團（基礎麵團或包覆麵團）。在碗中把鹽拌入125ml的水中。加入麵粉及奶油，揉成質地滑順的麵團。用保鮮膜包好，放入冰箱冷藏，靜置24小時。

2. 第二天，把用來做奶油麵團的奶油切碎，連同麵粉一起放入裝有麵團勾的攪拌機的碗中，揉出滑順的質地。把麵團整成一片長方形，再用保鮮膜包好，放入冰箱冷藏約30分鐘。

3. 要完成千層酥皮的準備工作，把奶油麵團擀成20×20cm的正方形。在撒有麵粉工作臺上，把基礎麵團擀成　40×22cm長方形。把奶油麵團放在基礎麵團的中間，然後把邊緣摺起來，完全包裹住奶油麵團。整個用保鮮膜包好，放入冰箱冷藏30分鐘。

4. 把酥皮麵團擀開，完成單摺：把麵團擀成40×20cm長方形，去掉多餘的麵粉。把1/3的麵團摺到中間的1/3的麵團上，再把最後1/3的麵團摺上來，變成3層交疊的麵團。

5. 下一個步驟是雙摺：把麵團再度擀成40×20cm長方形。然後從長度較短的兩邊分別向內摺1/4，所以兩個短邊會在中間相遇。再沿中線對摺成4層。用保鮮膜包好，放入冰箱冷藏1小時。

6. 再重複各做一次單摺與雙摺，所以總共會做2次單摺及2次雙摺。再把麵團放回冰箱1小時備用。

▼

可頌麵團

麵團（酵母麵團或包覆麵團）：

500g中筋麵粉 • ½茶匙鹽 • 200ml牛奶 • 70g細砂糖 • 30g新鮮酵母 • 1個蛋 • 30g室溫無鹽奶油

可頌麵團（奶油麵團）：

400g無鹽奶油 • 120g中筋麵粉

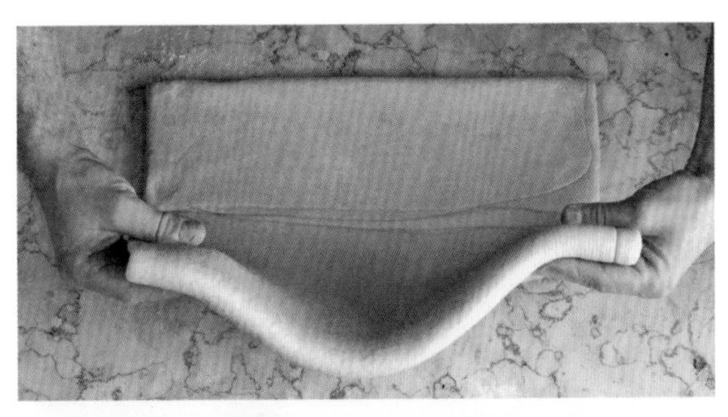

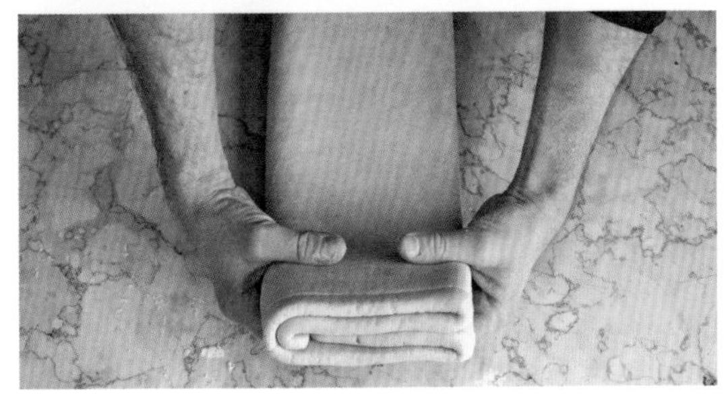

雙摺

1. 製作可頌麵團（酵母麵團或包覆麵團），把麵粉和鹽放在一個大碗中混合。把牛奶加熱到微溫。拌入糖和酵母塊，攪拌到酵母溶解。把牛奶混合物、蛋以及奶油加入麵粉中，把所有食材拌揉在一起，揉10分鐘，直到麵團平滑有彈性為止。如果有必要的話，可以加入一些麵粉或牛奶調整質地。

2. 在撒有麵粉工作臺上，把麵團整成球形，用刀子在麵團表面上劃十字，深度要到麵團高度的一半。用乾淨的茶巾蓋好，靜置在室溫下30分鐘發酵。

3. 這時，把用來做奶油麵團的奶油切碎，連同麵粉一起放入裝有麵團勾的攪拌機的碗中，揉出滑順的質地。把麵團整成一片長方形，用保鮮膜包好，放入冰箱冷藏約30分鐘。

4. 把奶油麵團擀成20×20cm的正方形。把膨脹的麵團朝四個方向擀開成厚度平均的40×22cm的長方形，去掉多餘的麵粉後，把奶油麵團放在酵母麵團的中間，然後把邊緣折起來，完全包裹住奶油麵團。操作時注意兩種麵團的硬度要是差不多一樣的，包覆在上面的麵團及下面的麵團，厚度也要一樣。整個麵團不可以有開口或裂縫，以免擀的時候油脂漏出來。

5. 把麵團擀開。第一步驟是完成單摺：把麵團小心地擀成40×20cm的長方形。把1/3的麵團摺到中間的1/3的麵團上，再把最後1/3的麵團摺過來，變成3層交疊的麵團。把麵團再度擀成40×20cm的長方形。用保鮮膜確實包好，放入冰箱冷藏至少20分鐘。

6. 下一個步驟是雙摺：從長度較短的兩邊分別向內摺1/4，所以兩個短邊會在中間相遇。再沿中線對摺成4層。把麵團再度擀成40×20cm長方形，用保鮮膜確實包好，放入冰箱再冷藏至少20分鐘。

7. 再重複各做一次單摺和雙摺，所以總共會做2次單摺及2次雙摺。

調溫巧克力裝飾

300g巧克力（按照食譜上指定的種類）
工具：製糖用溫度計・大理石面板

1. 把巧克力大致切碎。用小火把一鍋水加熱至攝氏45-50度，把2/3的巧克力懸在熱水上方隔水加熱到融化。小心不能讓水跑進巧克力中。

2. 離火後，放進剩下的巧可力，攪拌到巧克力融化，且巧克力的溫度降到攝氏31-32度為止。如果溫度下降得太多，再隔水加熱一下，讓溫度回到攝氏32度。

3. 把調溫後的巧克力用刮刀抹薄薄一層在大理石面板上。讓它在涼爽乾燥的地方靜置2小時凝固，切成你想要的形狀，再從大理石面板上拿起來。如果你沒有要一次全用完，把剩餘的保存起來，下次用。

食材／用品來源

副主廚（Sous Chef）
15 Tottenham Lane
London
N8 9DJ
www.souschef.co.uk

SLR材料行
Unit 3, The Orbital Centre
Southend Road
IG8 8HD
www.slrsupplies.com

謝誌

特別感謝我的導師：奧立佛・艾德曼（Frank Nagel）與法蘭克・奈吉爾（Oliver Edelmann）。
謝謝下列單位在照片拍攝上提供的協助：

團隊：楊・C.布萊契奈德（Jan C. Brettschnider，前方左）、克里斯蒂安・胡姆斯（Christian Hümbs，前方右）；（後排由左至右）法比昂・費德勒（Fabian Fieldler）、尼可・朗納（Nico Langer），雅妮娜・艾芙（Janina Alff）

▼

烘焙筆記

剩餘的海綿蛋糕

做糕點時，切到最後剩下來的海綿蛋糕，都可以放入食物調理機中，用刀片快速地打成粉狀，代替麵粉撒在蛋糕烤模裡面，或是加入早餐綜合穀物中，來增加甜味。大的海綿蛋糕塊也很適合用來做乳脂鬆糕那一類甜點：把海綿蛋糕和馬斯卡彭鮮奶油（參閱104頁）放在玻璃碗裡層層堆疊起來，這樣就能透過玻璃看到誘人的甜點分層。

水果泥

在我的食譜裡，我只用保虹（Boiron）廠牌的冷凍果泥（可透過郵購取得）。該廠牌產品的含糖量是10%。如果你用其他品牌，或嘗試自己用新鮮或冷凍水果製作，成品的品質可能會較不理想，因為保虹利用了特殊的製作流程，以減少水果中含水量，這對最後的成品有極大影響。

使用水果粉

因為馬卡龍很容易受到水分含量的引響（甚至烘焙當時的天氣，或廚房裡的溼度，都有可能影響到馬卡龍的質地），在所有有甘納許的食譜裡，我盡可能用愈少的水分愈好。也正是由於這個原因，我喜歡用水果粉，水果粉能創造很好的水果風味，但水分卻已經完全除去了。這種產品透過郵購在專門的烘焙材料行，可以很輕易地購得（參考左側）。

吉利丁

把溶解的吉利丁拌入冷的食材中時，動作要夠快，要不斷地攪拌才不會讓吉利丁結塊。比較保險的作法是：先把1-2湯匙冷的混合物拌入溶解的吉利丁，好讓溫度均衡。

葡萄糖漿

在這本書裡，凡是遇到含有巧克力或鮮奶油的食譜，我通常會使用葡萄糖漿，而不用糖。葡萄糖漿是由澱粉煉製濃縮而來。相較於粗砂糖，葡萄糖漿比較容易讓這兩種食材（巧克力及鮮奶油）中的分水結合。還有很棒的一點是，葡萄糖漿不像一般家用的糖那麼甜。

油酥麵團

剛做好的油酥麵團往往還太軟，不容易擀開，而且這樣會沒辦法平整地用手壓入烤模。為了要做出均勻、平整的塔皮，我會先把麵團放進冰箱冷藏幾小時，讓麵團變硬一點，但質地還是要柔軟到可以擀得開。如果冰得過久，麵團會失去柔軟度，一擀就碎。

烤箱的溫度

如果沒有特別註明的話，那麼一般的非對流式烤箱，上火和下火的溫度設定是一樣的。若是炫風式烤箱，溫度的設定要下降約攝氏20度。如有必要，應該參考一下烤箱的使用手冊進行調整。

鏡面糖霜或可淋式翻糖
（glacé icing／poured fondant）

現成的鏡面糖霜可在大型超市的烘焙材料區找到。專業廚師愛用的可淋式翻糖，最理想是透過郵購在專門的烘焙材料行取得（參考左側）。但是製作快速簡易的鏡面糖霜的食材，幾乎家家戶戶廚房的儲物櫃裡都找得到，所以沒必要特地去外面買——把100g糖粉和2湯匙的水、檸檬汁或深色蘭姆酒，混合成可塗抹的質地......就這麼簡單！

索引

三筆

四筆

五筆

六筆

七筆

八筆

九筆

十筆

十一筆

十二筆

十三筆

克里斯蒂安・胡姆斯（Christian Hümbs）是技藝精湛的糕點師，任職過的地方，列出來猶如一冊美食名店錄：約翰・拉弗的斯通貝格（Johann Lafer's Stromburg）飯店、德國漢堡艾勒比豪斯（Elbchaussee）路上的路易・C.雅各布（Louis C. Jacob）飯店、夕爾特島（Sylt）的海洋餐廳（La Mer），以及在德國享有最高評價的米其林三星餐廳——沃爾夫斯堡（Wolfsburg）的水餐廳（Aqua）。現在他任職於獲米其林二星肯定的費爾蒙特四季（Fairmont Hotel Vier Jahreszeiten）飯店中的黑爾林餐廳（Haerlin）。胡姆斯創作的甜點有繁複細緻的特色，且食材組合別具一格，但他同時也重視經典、純粹的傳統甜點與蛋糕。近期因擔任德國電視烘焙節目「The Big Bake」評審，而打響知名度，並於2014年獲選為德國年度糕點師。

楊・C.布萊契奈德（Jan C. Brettschnider）擔任出版社、雜誌及廣告的食物攝影師已超過20年。在無數次出外拍攝與棚內的攝影工作中，布萊契奈德曾與許多德國及國際頂尖的主廚、釀酒師及製造商合作。他對餐飲及食物的熱情，加上對光影及造型的攝影師直覺，不但造就出足以引起觀者食欲的影像，也因此贏得了許多獎項。楊・C.布萊契奈德現和家人定居在漢堡。

Penguin
Random
House

頂尖烘焙：
德國米其林名廚教你做出餐廳級夢幻甜點

作　　者：克里斯蒂安・胡姆斯
攝　　影：楊・C.布萊契奈德
翻　　譯：黃令璧
主　　編：黃正綱
資深編輯：魏靖儀
文字編輯：許舒涵
美術編輯：謝昕慈
行政編輯：吳羿蓁、秦郁涵

發 行 人：熊曉鴿
總 編 輯：李永適
印務經理：蔡佩欣
美術主任：吳思融
發行副理：吳坤霖
圖書企畫：張育騰、張敏瑜

出 版 者：大石國際文化有限公司
地　　址：台北市內湖區堤頂大道二段 181 號 3 樓
電　　話：(02) 8797-1758
傳　　真：(02) 8797-1756
印　　刷：沈氏藝術印刷股份有限公司

2017 年（民 106）12 月初版
定價：新臺幣 800 元
本書正體中文版由
2016 Dorling Kindersley Limited
授權大石國際文化有限公司出版

ISBN：978-986-95377-9-7(精裝)
＊本書如有破損、缺頁、裝訂錯誤，請寄回本公司更換

總代理：大和書報圖書股份有限公司
地　址：新北市新莊區五工五路 2 號
電　話：(02) 8990-2588
傳　真：(02) 2299-7900

國家圖書館出版品預行編目（CIP）資料

頂尖烘焙：德國米其林名廚教你做出餐廳級夢幻甜點；克里斯蒂安・胡姆斯著；楊・C. 布萊契奈德攝影；黃令璧譯. -- 初版. -- 臺北市：大石國際文化，民 106.12　面；18.9×24.6cm
譯自：Bake to impress : 100 show-stopping cakes and desserts
ISBN 978-986-95377-9-7(精裝)

1. 點心食譜

427.16　　106022127

Original book title: Bake to Impress: 100 Show-stopping Cakes & Desserts

A WORLD OF IDEAS:
SEE ALL THERE IS TO KNOW
www.dk.com